U0213243

第三代短波无线电通信

Third-Generation and Wideband HF Radio Communications

［美］　埃里克·E. 约翰逊　　　埃里克·科斯基
　　　　威廉·N. 弗曼　　马克·乔根森　约翰·涅

丁国如　於　凌　陈　瑾　刘　娟　译

国防工业出版社

·北京·

关于作者

埃里克·E. 约翰逊（Eric E. Johnson），新墨西哥州立大学（New Mexico State University, NMSU）克利普什电气与计算机工程学院名誉教授，该大学物理科学实验室特别项目小组负责人。在计算机体系结构和无线技术领域发表 100 余本/篇图书、论文和技术报告，主要内容涉及短波无线电、移动自组网和传感器网络。约翰逊博士及其学生的研究成果已被纳入美国和北约的军用标准。他是《高级短波无线电通信》一书的主要作者，该书于 1997 年由 Artech House 出版。

自 20 世纪 80 年代中期以来，约翰逊博士一直致力于短波无线电技术的发展与标准化研究。目前，他担任北约超视距工作组和美国政府/工业技术咨询委员会的主席，该委员会指导美国短波无线电军用标准的发展。

约翰逊博士拥有物理和电气工程学士学位、华盛顿大学（圣路易斯）电气工程硕士学位和新墨西哥州立大学电气和计算机工程博士学位。

约翰逊博士是新墨西哥州注册的专业工程师，在科学应用国际公司（Science Applications International Corporation, SAIC）担任首席科学家，同时也是一家私营咨询公司 Johnson Research 的总裁。他曾在美国陆军信号部队服役 4 年，目前为武装部队通信电子协会（Armed Forces Communications-Electronics Association, AFCEA）讲授短波无线电的短期课程，也为其他团体讲授专业课程。

埃里克·科斯基（Eric Koski），1982 年获罗切斯特大学通用科学（计算机科学）学士学位，1989 年获伊利诺伊大学厄巴纳-香槟分校哲学硕士学位。在哈里斯公司就职 25 年，主要致力于开发短波无线电通信技术，研究内容也涉及战术卫星和视距通信。他的研究领域包括无线通信网络、协议设计、软件无线电和软件生产线工程。在这些领域发表或合作发表技术论文 20 余篇，并获得 4 项美国专利。他一直是美国和国际标准研究的主要贡献者，包括推动短波通信标准 MIL-STD-188-141B/C 和北约 STANAG 4538——自动无线电控制系统（Automatic Radio Control System, ARCS）的形成。

威廉·N. 弗曼（William N. Furman），1982 年和 1983 年分别获纽约州特洛伊市仁斯利尔理工大学电气工程学士学位和硕士学位。自 1983 年以来，一直就职于哈里斯公司，在佛罗里达州墨尔本和纽约罗彻斯特工作，目前是一名资深科学家和高级信号处理小组的负责人。由于他在高级短波无线电通信领域的杰出技能和领导才能，在 2001 年被哈里斯公司评为哈里斯资深员工。

他的研究领域是通信理论、前向纠错编码、数字信号处理和稳健波形设计，以及研究面向具有挑战性的噪声、干扰和色散信道。他在通信理论、编码、信号处理和组网相关领域撰写或合作撰写论文 30 余篇，并在这些领域拥有 30 多项美国专利。

他在哈里斯公司的整个职业生涯中一直从事短波通信研究，已经是美国和北约短波调制解调器、自动链路建立和数据链路协议标准的一名实现者、设计者和主要贡献者。

马克•乔根森（**Mark Jorgenson**），1984 年获卡尔加里大学电气工程学士学位。他在加拿大海军担任了 3 年的作战系统工程军官，然后回到卡尔加里大学学习，于 1989 年获电子工程硕士学位。他曾在加拿大渥太华的通信研究中心（Communications Research Center, CRC）担任研究科学家。在 CRC 时，他参与了短波数据通信的调制、编码和接收处理等研究，并促进了几个定义可互操作的短波波形的标准化协定（北约）（STANAG）的发展。他是最初 9600 b/s QAM 短波波形的开发人员之一，并且与团队其他人一起定义了 MIL-STD 和 STANAG 的变体。他离开 CRC 后创建了 IP Unwired 公司，该公司开发出的短波和甚/超高频波形目前被世界各地的海军所使用。IP Unwired 于 2006 年被 Rockwell Collins 收购；他与 Rockwell Collins 公司合作继续从事短波和其他频段的研究。

约翰•涅托（**John Nieto**），1984 年和 1985 年分别获密苏里大学罗拉分校电气工程学士和硕士学位。自 1985 年以来，一直就职于哈里斯公司工作，目前是哈里斯射频通信公司网络和高级开发部高级信号处理组的资深科学家。他的研究领域包括通信理论、波形设计、前向纠错编码、均衡、迭代解调和数字通信系统仿真。他在通信理论、编码、信号处理和组网等领域撰写或合作撰写论文 50 余篇，并在这些领域拥有 47 项美国专利。他在短波通信领域已经工作了 17 年，是美国和北约短波波形标准研究的主要贡献者。除此之外，他还对多个哈里斯无线电产品使用的信号处理算法做出了重要贡献，这些产品涵盖了低频、高频、甚高频和超高频频段。

译者序

　　这是一本关于短波无线电通信的力作。作者团队由五名短波无线电通信领域的资深专家组成，他们已在该领域持续耕耘了数十年，在基础理论、关键技术、工程实践和标准化等方面均如数家珍，给读者呈现了丰富、系统化的短波无线电通信知识。本书对相关领域的进一步研究具有引领作用，可作为短波无线电通信领域科研人员及工程技术人员的参考用书，也可作为信息与通信工程、电子科学与技术等相关专业的本科生、研究生用书。

　　短波无线电依靠 3～30MHz 的电磁波进行信号传输，具有通信距离远、开通迅速、机动灵活、网络重构便捷等优点，是军事通信和应急通信的重要手段。从技术上看，短波无线电通信的发展通常可分为三代：第一代以"人工、模拟"为主要特征，人工选频、手动调谐，主要业务是模拟话音和手键报，采用点对点通信；第二代以"自动、数字"为主要特征，在设定的频率集合中自动选频、自动调谐，业务由模拟话音向数据通信过渡，组网方式采用点对点或星型网；第三代以"网络、综合"为主要特征，以满足综合业务传输需求为目标，以综合组网为基础，关键技术包括高性能数据传输、自动链路建立、智能化业务管理和综合抗干扰处理等。为突出重点，便于交流，本书中文译名定为《第三代短波无线电通信》，但本书的内容并不局限于此。实际上，本书除了重点聚焦在第三代短波无线电通信之外，既有对短波无线电通信起源和发展历程的回顾，也有对下一代短波无线电通信（比如宽带短波）的探索和展望。

　　本书是四名译者通力合作的结晶。从丁国如首次接触到英文原著到本书刊印经历了六年有余，在此期间反复研读修订书稿数十次；陈瑾全程参与并指导了本书的翻译工作，她的学生於凌从本科毕业设计开始接触本书，至今硕士毕业近两年半；刘娟是英语专业科班出身，对全书译稿语言表达进行了认真细致的润色。此外，孙佳琛、张林元、薛震、阚常聚、聂光明、吴楚捷、郭铎、陈仁、储彦文等参与了部分译稿资料的整理、预读校正和中文图表的制作。国防工业出版社的张冬晔编辑以饱满的热情和细致的工作使得本书的翻译工作得以进一步完善。在此，一并表示诚挚的感谢！

本书的出版得到了国家自然科学基金（No.U2082038，No.61871398，No.61931011）、江苏省自然科学基金杰出青年项目（BK20190030）、国防科技领域青年托举人才工程项目以及装备科技译著出版基金的资助。

在本书翻译过程中，我们力求忠实、准确地把握原著内涵，同时尽可能按中文习惯进行表述，但由于译者水平有限，书中难免有不妥之处，恳请广大读者批评指正，并欢迎与译者直接交流。联系邮箱为 guoru_ding@yeah.net。

序　言

自《高级短波无线电通信》一书 1997 年出版以来，短波无线电技术取得了巨大的进步。正当本书付印出版的过程中，第三代自动链路建立技术取得了重要进展，其数据调制波形使数据率提升了 4 倍。在 21 世纪第一个 10 年里，更高的数据吞吐量需求推动着短波技术和管理机构去考虑突破长期使用的短波频谱 3kHz 信道化机制。经过多年关于宽带短波技术的研究，美国拥有了具备使用信道带宽达 24kHz 的无线电和波形标准：MIL–STD–188–141C 和 MIL–STD–188–110C。同样，随着短波无线电技术在上述两方面取得的重大进展，当前需要及时撰写新的著作来总结新的进展，并分析取得这些进展的研究思路。

本书是一本无线电技术方面的专著，也是对 21 世纪短波无线电创新的庆祝。本书对无线电技术进行了介绍，提供了应用技术的思路，并通过仿真和实测、实验、评估第三代与宽带短波系统的性能。本书包含了一些技术细节，但是对于关心应用新技术而不是设计设备的读者可以不用参考。

本书前四章对短波无线电通信做了简要总结，涵盖了本书后半部分所需的知识，同时给想要深入了解的读者们推荐了一些文献。在这几章中，回顾了 20 世纪的无线电技术，其中包括自动链路建立、窄带数据波形及协议。第 1 章给出了历史回顾和对无线电的介绍。第 2 章描述了具有挑战性的电离层信道，它被用作超视距通信。第 3 章讨论了现有的串行调制解调波形和协议。目前，高级短波无线电通信技术仍在研发阶段，因此并没有写进本书中。第 4 章总结了第二代（2G）自动建链系统（在前面那本书里写得很详细），可以用作和第三代（3G）自动建链技术比较的基准。

第 5 章致力于全面讨论 3G 移动通信技术，它是包括自动链路建立、数据传输、流量管理和链路自动保持协议在内的一套完整体系。可扩展的突发式调制解调技术是 3G 协议的基础，其对 3G 通信系统的优越性能做出了重要贡献：通过降低通信所需的信噪比要求，这些突发式波形使得 3G 系统能使用比 2G 系统更低的发射功率运行。较低的工作功率降低了已广泛使用 3G 技术的战术通信网中信道拥塞和电量消耗的问题。与 2G 系统相比，3G 系统优化了同步操作，实现了更快建链和更少的信道拥塞。

第 6 章的主题是宽带短波数据波形。2011 年 9 月，本书正在撰写的时候，这项技术在美国正被标准化。与此同时，该技术的实现和测试也取得了进展。因此，本书不仅能描述和讨论宽带短波技术，而且能对宽带短波无线电和调制解调器这些实际测量进行讨论。宽带短波技术带来的激动人心的新性能之一是：它可以通过短波天波信道传输实时的全动态视频，通信距离可达几千千米。

最后，第 7 章中预测了未来短波无线电技术可能的演进方向，其中包括将来可能应用认知无线电技术来找到存在动态干扰时的可用宽带短波信道。

本书致力于为短波通信系统架构师和工程师提供有用的参考，并激发研究者们继续推进短波无线电通信科技的发展。

目　录

第 1 章　短波无线电

无线电历史可以追溯到 100 多年前。在 20 世纪初，Marconi 和其他无线电领域先驱①当时正在设计大型火花隙发射机，这种发射机使用长波实现海上船只通信，甚至想和跨大西洋电缆竞争。为了扩大通信范围，这类商业化的无线电报发射机的尺寸、工作波长和输入功率不断增加。最终发射机功率要达到几百千瓦，波长达几千米[2]。

那时，波长较短（200m 及以下）的电磁波似乎少有商业价值，而且已经授予无线电爱好者，供他们实验使用[3-4]。因此，在短波或者高频带内发现了许多令人惊喜的特性：

- 短波频段可实现全球覆盖，所需功率却远低于商业化的无线电报业务。效率更高的原因与电离层的特性有关（见第 2 章），这在 20 世纪前 10 年的时候还只是假设。
- 在短波频带内大气噪声要小于 Marconi 使用的长波带内的噪声。
- 短波工作的天线比长波工作的天线更容易制作，前者波长几十米，后者则长达几千米。

因此，以长波进行跨大西洋通信时，商业化无线电报业务需要几百千瓦的功率和大型天线结构。如今，无线电爱好者们以短波方式进行跨大西洋通信时，只需要普通的天线和几瓦的功率。

目前，短波无线电被广泛应用，不仅包括业余爱好者团体，也包括世界范围的政府和非政府机构，作为超视距通信下（图 1.1）卫星的替代（或备份）手段。这些应用包括以下内容：

- 海上的船只；
- 在视距范围之外的飞机；
- 军事行动；
- 地面的通信基础设施已被破坏或已过载的灾区；

---

① 例如，德国的 Telefunken、美国的联邦天线（United wireless）和英国的 Lodge-Muirhead Syndicate 当时也在从事无线电报业务[1]。

● 缺乏其他通信设备的偏远地区。

尽管短波技术也会使用中频频带的高频部分（2MHz 以上），但是通常来说，短波频带指的是 3～30MHz 的频率。

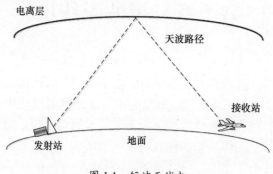

图 1.1　短波无线电

1.1　短波无线电传输

德国物理学家 Hertz 在实验中发现：在调谐电路内，火花隙的产生将释放被储存的能量。早期火花隙发射机就是从他最初的实验装置演变而来的。这样的发射机振荡衰减，与辐射导体耦合，产生的无线电波脉冲，在远处可以由合适的共振电路检测到。

在无线电发展初期，工作的发射机较少，这种简陋的技术是符合要求的。然而，随着 20 世纪初期无线电使用迅速增长，窄带无线电系统的需求就很明显了：火花隙发射机产生的信号容易干扰其他无线电信号的正常接收，无论是无意的[5]还是有意的[6]。

从火花隙发射机到现代发射机的演变经过了几个阶段。第一阶段是连续波振荡器的出现，它可以为无线电报中使用的开关调制提供稳定的窄带载波。第二阶段，这种振荡器的稳定性使得幅度调制（AM）成为现实，使得声音可以无线传输。但是，幅度调制的带宽明显要大于连续波传输所需的带宽。

Carson 提出一种以一半的带宽和较小的功率发送相同信息的方法[7]。图 1.2 显示的是频域的情况。图 1.2(a)显示的是未调制的载波频谱，即所有的传输功率聚集在载波频率处；图 1.2(b)显示的是幅度调制该频率载波后的结果，即一些能量对称地分布在载波频率左右①。这些由于调制而携带能量的相邻频谱部分称为边带，在这频带内可以找到想要的信号。下边带是上边带的镜像，他们包含的信息一模一样。如果只发送一个单边带，即滤掉载波和另一边带，就可以同时节约带宽和发射功率。图 1.2(c)显示了单边带运行模式，它现在是短波频带内的实际标准。

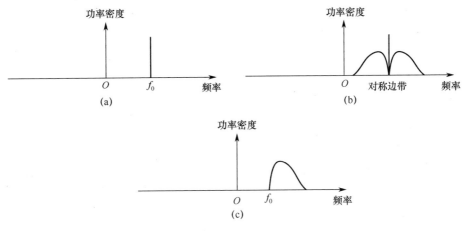

图 1.2　单边带

现代短波无线通话服务用 3kHz 带宽的滤波器对语音信号滤波，并采用单边带方式，在 3kHz 信道中传输，提供可以接受的语音质量。因此，短波频带的频谱一般被拆分成许多 3kHz 带宽的信道，并且短波调制解调器也演变成在这个窄带带宽内工作（详细介绍见第 3 章）。

1.2　短波天线

除非一副天线是电小天线②[8]，其物理尺寸和它处理的无线电波长相当。短波频带内波长范围为 10～150m，其天线可能相当大，通常也是一个短波无线电系统最易识别的部分。图 1.3 是短波传输系统的通用模块框架图。

---

① 例如，用一个单频 f_m 进行 100%幅度调制载波频率 f_c，可以产生如下数学表示的对称双边带信号：

$$[\cos(2\pi f_m) + 1]\cos(2\pi f_c) = \frac{1}{2}\cos[2\pi(f_m + f_c)] + \frac{1}{2}\cos[2\pi(f_m - f_c)] + \cos(2\pi f_c)。$$

② 译者注：电小天线，一般天线的辐射尺寸小于 0.1 倍电长度时，可认为该天线为电小天线。

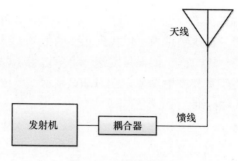

图 1.3 短波传输系统

1.2.1 发射天线

发射天线将发射机处的电能转换成可传播的电磁波。与 Marconi 等人使用的地面波信道相比，天波信道虽然能提供更好的远距离传播（第 2 章），但是远距离的发射机工作仍然要几千瓦的功率，发射天线必须能够承受高电压和大电流。

如此高的功率也提升了天线与发射机之间射频阻抗匹配的重要性。阻抗不匹配会导致功率从天线反射回发射机；阻抗严重不匹配时，会发生电弧放电，会对人员造成危害，会破坏发射机组件。

我们将在第 2 章看到，并非短波频带内的所有频率电磁波都能传播到预期的接收机位置，所以短波天线必须能在一定频带范围内工作。这使得天线和发射机在当前工作频率处阻抗匹配的问题变得复杂。特别地，小型短波天线一般在短波频带工作时不能和发射机很好地匹配，因此必须在天线和发射机之间插入电抗元件（电感或电容）来提升阻抗匹配。这些电抗元件称为天线耦合器，又称为天线调谐器，以前是手动调节的，调谐需要许多秒的时间。现代耦合器一般由微处理器控制，能够记住每个工作频率下对应的参数设置，因此不到 1s 的时间就能完成调谐。

1.2.2 接收天线

短波接收天线和发射天线通常是不同的。简单来说，接收天线执行与发射天线相反的功能：拦截环境中的电磁波并且将其转换成电能。但是，接收到的信号功率要远低于发射天线的功率，阻抗不匹配的影响也更小。第 2 章将可以看到，短波接收机噪声来源主要在无线电台外面。因此，接收天线与接收机阻抗不匹配通常会导致接收信号和噪声相同的损耗量，最终净信号信噪比不变。

1.2.3 天线极化

电磁波的极化指的是以地面作为参考，电场分量的空间指向。短波天线设计时，要求可以用它来发射垂直极化波、水平极化波或者是圆极化波。

- 垂直极化天线，如鞭状天线，是典型的全向天线。
- 水平极化天线包括简单天线，如水平双极天线、对数周期天线和其他宽带天线。它们通常是定向的，有很大的发射开销。

如果想深入了解短波天线的知识，可以参阅 *ARRL Antenna Book*[9]，它介绍了天线如何设计，还有 Johnson 等人在文献[8]中关于各种短波天线进行的讨论。

1.3 计算机时代的短波无线电

普适计算的出现使短波无线电产生了巨大的变化，这种变化和一个世纪前从长波火花发射机到单边带短波设备这一转变具有同等重要的意义。计算对短波无线电的影响开始于对面向短波信道的数据调制解调器研发的需求（第 3 章和第 6 章）。20 世纪 80 年代，微型处理器使短波无线电通信设备自动化操作很有效（第 4 章）。如今我们使用的正是第 3 代自动建链技术（第 5 章）。标准化成为新一代短波技术被广泛应用的关键[8]。

1.4 总 结

短波无线电可以实现跨视距无线通信，可以避免卫星通信的高成本、脆弱性和主权问题。第 2 章将从短波无线电信号如何通过电离层传播入手，开始技术讨论。接下来的几章，将介绍利用天波信道进行语音尤其是数据通信的相关短波技术新进展。

参 考 文 献

[1] Aitken, H., *Syntony and Spark-The Origins of Radio*, New York: Wiley and Sons, 1976, p. 143.

[2] ibid., p. 268.

[3] ibid., p. 272.

[4] "Recommendations of The National Radio Committee," *Radio Service Bulletin*, U. S. Department of Commerce, April 2, 1923.

[5] Hong, S., *Wireless, from Marconi's Black-Box to the Audion*, Cambridge MA: MIT Press, 2001, p. 101.

[6] ibid., p. 110.

[7] Carson, J., /AT&T, "Method and Means for Signaling with High Frequency Waves," U. S. Patent 1,449,382 filed December 1, 1915, granted March 27, 1923.

[8] Johnson, E., et al., *Advanced High-Frequency Radio Communications*, Norwood, MA: Artech House, 1997.

[9] *ARRL Antenna Book*, 22nd Edition, Newington, CT: American Radio Relay League, 2011.

第 2 章　短波信道

短波无线电在拥有独特性能优势的同时，也面临着一系列特别的挑战。要使低成本的跨视距通信成为可能，关键在于理解电离层传播的物理特性和相应的短波天波信道的统计特性。本章主要是给读者提供这方面内容的综述。如果读者有兴趣，想对这方面进行深入研究，可以参考许多值得学习的图书，如 Goodman[1]、Maslin[2]和 Johnson[3]等人的著作。

2.1　地波传播

在探讨无线电波通过电离层折射方式传播的神秘之处前，我们要知道无线电波也可以进行视距传播（更高频段的使用者比较熟悉），同样也可以沿地表传播。这种传播方式是非色散的（波传播速度与频率无关），因此就不会出现天波信道常见的信号衰落类型（见 2.2.4 节）。沿地面传播路径传播的接收信号是发射信号发生衰减和延迟的另一个版本，但并没有失真[2]。地波随传播距离增加而衰减，如何计算衰减后的信号呢？Maslin 将传播范围划分成三个区域，提出了一个比较有效的经验法则。

- 在直接辐射区，功率密度的下降与距离的平方成反比；
- 在直接辐射区外，可以运用索末菲尔特（Sommerfeld）无线电波沿平地面传播的基础理论[4]，功率密度的下降与距离的四次方成反比；
- 在索末菲尔特区域外就是衍射区，在这个区域内，功率密度随着距离变大呈指数衰减。

实践中，地波在海面有效地传播最远可达几百海里，但是在陆地上传播距离受到限制变短。

2.2　天波传播

视距外通信可以采用地波传输，但是它的通信范围达不到全球覆盖。为了使通信范围能达到几千千米，则必须采用另一种方法：向天空发射信号，信号和电离层相互作用，回到天边外的地面接收站。因此有必要开始研究地球大气层中这奇妙的外层区域。

2.2.1　电离层

除了产生可见光，太阳还辐射整个电磁波频谱内的各种电磁波，包括连续不断的电离辐射（远紫外线、X 射线和 γ 射线）。地球的磁场使一部分太阳风转向（图 2.1），热带和温带尤其明显。在地球表面，电离辐射的强度非常小（保障了地表生物的安全），但是离地表越远，地球的这种"偏导护盾"效果越不明显。在大气层的最外层，太阳辐射的强度大得多，其内部的气体分子频繁发生电离。也就是说，气体分子与太阳风内携带能量的光子发生碰撞，释放出一个或者多个电子。这些自由电子最后和离子重新结合，仍然能在电离等离子体中滞留一段时间。

图 2.1　电离层

大气层中自由电子密度较大的这个区域称为电离层，通常指的是距地表 $70\sim600$km 的大气区域。电子密度随高度发生变化。

- 在海拔较低处，因为电离辐射强度小（只有能量最多的光子能穿透到这么远）和中性气体密度高，所以电子密度较低。高密度的中性气体和光子频繁碰撞出自由电子，自由电子又迅速重组。
- 在海拔最高处，电子密度同样较低。这是由于参与电离的气体分子密度小。
- 电子密度最高的区域位于海拔 300km 附近[1]。那里气体分子密度非常低，电离几乎不发生。但是，从低海拔处向上扩散的自由电子因为缺乏机会重组，生存期相对较长。

随着高度的变化，占优势的气体种类（如电离机理）也在变化，最重的气体分子位于海拔最低处。离子种类的分层促成了如图 2.1 所示的电离层的层状结构：

- D 层位于离地表 70～90km 处，电子密度较低并且中性气体密度较高。D 层主要由一氧化氮受 X 射线和 γ 射线的辐射发生电离而形成。白天，当太阳辐射存在时，D 层电离作用最强烈；夜晚，宇宙射线在 D 层产生离子，但传播速率非常低。

- E 层位于离地表 90～120km 处，和 D 层相比电子密度更高，中性气体的压强更低。E 层主要是由于分子氧的太阳辐射而形成的。

- F 层是三层中最外的一层，位于离地表 200～500km 或 600km 的区域。F 层内电子密度最高，中性气体密度最低。在这个海拔高度上，发现了最轻的气体分子：氢、氦和单原子氧。白天强烈的太阳辐射使 F 层出现两层结构：F_1 层是较低的一层，而且只出现在白天；F_2 层昼夜都有，晚上的 F_2 层即为 F 层。

即使是在同一层内，电子密度也是不均匀的，随高度的变化而变化，如图 2.1 所示。

任意电离层中，离子产生速率随着太阳辐射的总强度变化而变化，可以分成几个物理过程。

- 每天正午的太阳辐射强度最高。夜晚太阳辐射消失，白天释放出的电子逐渐重组直到第二天日出。每日这样的变化被称为昼夜循环。

- 太阳的视距高度随季节变化：处于夏季的半球每天接收到更多的太阳照射。

- 太阳辐射总强度大约以 11 年的周期变化，与太阳黑子周期有关。

- 各种非周期的太阳活动，如太阳耀斑和日冕物质抛射，导致电离作用大爆发。在太阳黑子活动高峰时，这些非周期的活动发生更频繁。

这种周期性的机制导致了电离层中可预测的变化，传播预测程序很好地刻画了这种变化（见 2.4 节）。然而，非周期的太阳活动比较麻烦。电离层变化的另一原因不是太阳活动，而是偶尔出现具有强反射能力的偶发 E 层。它是流星碎屑中的单原子金属离子被风切变聚合成的斑块。

2.2.2　电离层传播

电离区域的自由电子密度影响穿过该区域的电磁波的相速度。由于电离层中电子密度随着高度变化而变化，电磁波穿过有明显电离梯度的区域时将发生折射。电磁波频率不同，折射结果也不同：在给定的电离层剖面上，电磁波频率越高，折射量越少。

折射率决定了截止频率的概念。自由电子密度为 N 的区域（电子数量每立方米）能有效反射截止频率 f_0 以下的无线波（单位是 Hz），即

$$f_0 = 9\sqrt{N} \qquad (2\text{-}1)$$

也就是说，频率 f_0 的无线电波沿直线传播，直到它到达自由电子密度为 N 的电离区域。无线电波上升进入那个区域时发生 $90°$ 的折射，然后发生另一个对称的 $90°$ 折射，返回发射方向。频率高于 f_0 的无线电波发生小于 $180°$ 折射，因此返回不到发射处（但是可能被和信源处相距遥远的位置接收）。入射无线电波的一些能量被电离区域吸收，而没有被折射；但是随着频率升高，吸收导致的衰减降低。

我们采用电离层折射来长距离通信，以切线角从电离层中"弹跳"无线电波。这方法允许通信使用的无线电频率高于截止频率，因为不要求 $180°$ 折射。如图 2.2 所示，对于顶角为 ϕ 的几何形状，斜截止频率 $f_{\max}(\phi)$ 可以用割线法计算出：

$$f_{\max}(\phi) = f_0 \sec(\phi) \qquad (2\text{-}2)$$

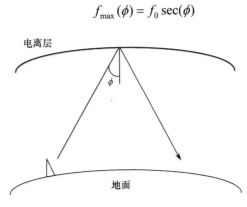

图 2.2　斜折射

正如上文所述，电离随昼夜、季节和太阳活动而变化。但是，我们能从电离层各层电子密度典型数量级的峰值得知一些天波可用频率的范围。

- 白天 D 层的自由电子密度峰值可能达到 10^9 个电子每立方米，截止频率约 300kHz。这个截止频率远远低于短波频带，因此所有频波都能穿过 D 层，几乎不折射。但是，短波频带内较低的频率在白天穿过 D 层时会遭受显著衰减。因此 D 层为白天长距离通信可用的频率设置了下限。
- 在 E 层，白天自由电子密度的峰值大约是 10^{11} 个电子每立方米，截止

频率在 3MHz 左右，接近短波频带的最小值。以斜角发射，E 层可用于中程通信。

- F_2 层自由电子密度峰值可能达到 10^{12} 个电子每立方米，截止频率约为 9MHz，对频带的大部分来说，斜折射是有可能的。晚上，电离峰值缓慢衰减 1~2 个数量级。由于 F 层在电离层中自由电子密度最大，穿过 F 层的频波继续进入太空。因此，F 层截止频率对通信路径上可用的频率设置了上限。由于 F 层的高度，反射的无线电波能到达几千千米的范围，所以 F 层一般适用于长距离天波通信。

对于两地相距几千千米的距离通信，利用 F 层一次反射是可行的。为了让通信范围更远，我们必须采用多跳路径。在这种情况下，从电离层返回到地面的信号在地球表面被散射。一部分向上传播，再一次从电离层反射回地面。注意每一次反射或者散射均会导致信号强度的明显衰减。通常天波路径端到端信号衰减超过 100dB。

2.2.3 近垂直入射天波

正如我们看到的那样，电离层反弹无线电波的能力给视距外通信提供了支持，通信距离可达几千千米。有时天波传播也用于解决短程通信问题。例如，当到达附近基站的路径被地形或者建筑物阻塞时，可以近乎垂直地向上发射短波无线电信号，它们会借电离层返回到附近的接收机，很好地跳过障碍。这样的操作模式被称为近垂直入射天波（NVIS）。

因为在电离层近乎垂直的入射角，NVIS 操作要求电磁波频率要比长距离通信天波频率低。同样，由于 D 层白天吸收低频率的波，NVIS 可能需要比预期更多的功率。

2.2.4 天波衰落

至此本节已经讨论了理想的电离层。现实中的电离层是色散介质，通过电离层传播的信号在时域和频域均有扩展[1]。这种扩展是由穿过等离子体相速度的不同和大气层稀薄区域的不同部分的移动导致的。这种时域和频域上的扩展使传输的模拟信号失真，并且在数据波形中引入了符号间干扰（第 3 章）[2]。

由于昼夜循环、四季交替和太阳黑子周期的关系，天波信号强度变化非常

---

[1] 在某个时间点以某个频率发射信号可能在多个时刻多个频点处分别到达接收机，分布可能是离散的，也可能是连续的。

[2] 例如，如果时域扩展是 2ms，调制符号长度是 417ms，则每个符号扩展的回声会干扰后续的 4 个符号。

缓慢。但电离层也存在许多传播特性会导致更快的信号波动和衰落。这些衰落的来源在文献[1]中有详细的讨论。

2.2.4.1　多径传播

一个信号通常通过多条路径穿过电离层到达接收机。因为路径长度不同，接收到的信号相位不同，相互之间会产生干扰。如图 2.3 所示，随着干扰信号之间的相对相位变化，就形成了衰落。该图中的三个子图分别表示原始发射信号、其频率稍微偏移之后的另一版本，以及两个信号的和。和信号到达接收机时是衰落信号。在多数情况下，接收信号是发射信号两个以上版本的叠加，具有时变相位关系。

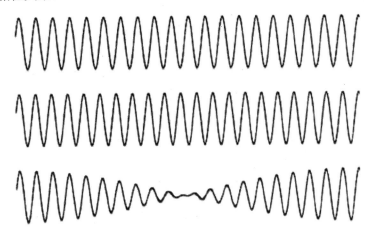

图 2.3　衰落示例

长距离天波信道中这样的多径衰落通常建模为瑞利分布①，因为在接收信号中不存在主要成分（注：当信号能量同时通过电离层和地面波路径到达接收机时，会导致莱斯衰落）。

衰落持续时间取决于路径差异的尺度如下：

- 电离层中细微的不均匀体运动导致的**微观多径**，造成散乱的反射衰落，衰落持续时间小于 1s。
- 多跳或多层路径会导致较慢的多径衰落，持续时间达几秒的数量级。

总体来说，折射区域的相对运动引起的衰落在短波频带高频部分上速度更快，因为对于折射区域一个给定的位移，较短的波长相移较大。

---

① 到达信号可以从它的同相分量和正交分量的角度来分析，通过每条路径到达的能量均对这两个分量有贡献。如果接收到的信号是由许多这样的小贡献组合而成的，则根据中心极限定理可知，同相和正交分量将服从独立高斯分布，这意味着接收信号的幅度将服从瑞利分布。

2.2.4.2 法拉第效应

衰落的另一来源是法拉第效应。折射的合成信号极化面相对于入射波方向产生缓慢的旋转，会导致持续时间从几秒到几分钟不等的衰落[1]。

2.2.4.3 射线干扰

电离层形成了透镜类型的不规则性，会导致缓慢变化的射线干扰。这种类型的衰落持续时间可达数十分钟。

简而言之，天波路径的传递函数几乎在任意时间尺度上都可以认为是非平稳的。这无疑是对通信工程师的一个挑战。

2.3 短波频带内的噪声

在短波频带（及短波频带以下），外部来源的噪声强度很高以至于它们一般会淹没接收机内部的热噪声[1]，天线噪声系数为 30～70dB[3]。外部噪声有三个来源：人类活动（人为噪声）、地面闪电（大气噪声）和天体射电源（银河噪声）。这三个来源产生的噪声能直接传播到接收机处，也能通过地面波或者天波路径传到接收机。

总的来说，外部噪声在较低的频率上最强烈，当工作频率增加时噪声功率平稳下降。这是由于噪声源的特性和天波传播的滤波效应这两个原因造成的。

短波频带的噪声主要是脉冲，为了数学上的简化，通常将它建模成加性高斯白噪声（AWGN）。在 AWGN 信道仿真中，利用 AWGN 噪声模型方便了不少，但是和利用实测到的短波噪声相比，它会导致更高的调制解调错误率。

2.4 短波通信信道模型

电离层信道因为在宽范围尺度上的时间效应而出名，包括：毫秒数量级的多径时域扩展，解调时会产生符号间干扰；几秒到几分钟不等的衰落持续时间；每小时都不同的昼夜变化和长达 11 年的太阳黑子周期等。尽管存在这些信道损伤，视距外无线通信的价值在于能够开发攻克每一项挑战的新技术。在早期开发阶段，通常通过仿真来评估这些技术，所以短波无线电研究者们发现对仿真电离层信道的标准方法达成一致是有益的。

本节将电离层信道建模为以下三方面因素效应的叠加模型：

---

① 当接收天线极端低放时（如被掩埋了），外部噪声可能会衰减至低于接收机噪声。在这种情况下，可能会使用外部低噪声放大器来保持周围的信噪比。

- 空间天气，相对于太阳的信号路径几何形状和其他缓慢变化的因素；
- 衰落效应，它是由电离层运动、法拉第旋转和类似现象（中等时间尺度）造成的；
- 多径干扰，它导致了瑞利衰落或者莱斯衰落（最短的时间尺度）。

第一类效应已经被熟知的电离层传播预测程序中使用的模型刻画，如美国之声覆盖分析程序（VOACAP）[5]和电离层通信增强剖面分析与电路（ICEPAC）[6]。第三类效应通常用 Watterson 模型表征。第二类效应虽然不那么有名，但是接下来会详细地讨论。

2.4.1 传播预测

周期性的昼夜循环和四季交替很容易理解，它们带来的影响可以用球面三角学知识预测得出。但是，电离层传播过程中的局部变化用简单的模型来刻画会导致偏差。这些效应被测量了多年，得到了校正系数图，它们可以应用到几何模型中。空间天气情况，包括太阳黑子数，通常能明确地输入预测程序。

短波通信工程师常常用一个预测程序来评估电离层电路的可行性，并确定在给定条件下可用的传播频率。以 VOACAP[5]为例，用户提供以下数据输入程序。

- 发射机位置（经、纬度），发射功率和发射天线模型；
- 接收机位置，接收天线模型和接收机本地噪声；
- 待预测的月份和时间；
- 太阳黑子数；
- 感兴趣的通信频率；

然后，程序对每个感兴趣的频率进行计算：

- 信号通过电离层从发射机到接收机可行的路径；
- 沿这些路径传播遭受的损耗；
- 接收机处的信号强度（考虑给定计算方位和到达角等配置下的天线增益）；
- 信噪比（SNR），相对于接收机处给定频率上的估计噪声。

这些结果以表格或者图像形式表征。图 2.4 给出了图像绘制预测结果的一个示例，其中信噪比（每赫兹带宽）等值线是时间（世界时间）和频率的函数。图中预测的是 3 月份在美国中部的一个传播链路，太阳黑子数是 47。这个链路的控制点（单跳路径的中点，就是无线电波和电离层互相作用的地方）位于本初子午线向西 6 个时区内，所以当地正午时分对应图 2.4 中的 18 时。

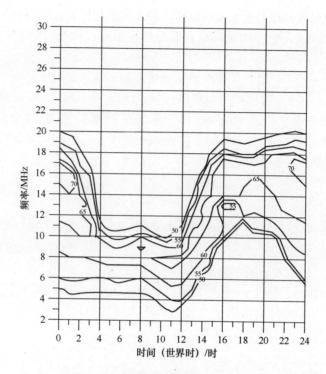

图 2.4　VOACAP 的 SNR 图像示例

在该幅图中能清楚地看到之前粗略讨论过的昼夜交替的影响：

- 正午时分（图 2.4 中的 18 时），电离层中电离强度最高，能够支持高达 19MHz 的频率的使用。同样，D 层电离在正午是最强烈的，它对信号的衰减致使 11MHz 以下的频率不能使用。
- 日落时分（地球上的 24 时，在电离层高度上更晚），因太阳辐射而电离出的自由电子不再生成，同时由于电子重组减小了 E 层和 F 层的电子密度，截止频率开始迅速下降。幸运的是，D 层也消散了，所以较低的频率变得可用。
- 在整个夜晚（约为 4～10 时），F 层剩余的自由电子支持通信，但是通信频率比白天可用的频率低。
- 日出时分，离子重新开始生成，在清晨的时候可用的频带回升到白天可用的范围。

在这个例子中，VOACAP 预测一天中 3kHz 带宽的 SNR 在最佳频率上至少是 25dB，所以这个链路可以用于语音或者高速数据通信（见第 3 章）。

除了月信噪比中位数，VOACAP 和类似的程序也估计了一个月内可能的 SNR 值的统计分布。这些用第一和第九等分表示，它们通常关于中位数是不对称的。

2.4.2 Watterson 模型

传播预测程序能够提供时间粒度为小时级的电离层路径可用性指示。尽管这些长期的统计性的预测对设计短波链路非常有价值，然而短波数据通信技术设计者需要的是时间尺度为微秒到毫秒的水平上电离层路径的细粒度行为模型。

很显然，天波通信信号衰落频繁，有时会衰落很严重。通常用瑞利衰落模型①来表征天波信号随机变化的幅度和相位。20 世纪 60 年代末，Watterson 和他的同事们建立了一个相对简单的数学模型并将其发表，它能刻画出测量到的天波衰落的大部分特性。这个模型后被称为 Watterson 模型[7]。

意识到天波信道在时域和频域内都是非平稳的，Watterson 等人提出了一个在有限带宽内充分地近似真实信道的平稳模型。他们的模型如今被广泛接受，甚至被强制用来测试短波调制解调器。尽管实现该模型的仿真器和真实信道行为并不完全一样，人们发现用 Watterson 模型信道仿真器测试性能良好的调制解调器，在真实信道中性能也良好。

当被用于测试短波调制解调器时，Watterson 模型简化为一个信号沿平均路径损耗相等的两条路径传播。每条路径上的信号幅度按照具备相同高斯功率谱密度的衰落增益过程而独立变化。双路差分时延是固定的。在仿真器输出端，独立衰减的两路信号合并，并与加性高斯白噪声相加。

三个参数决定了 Watterson 信道仿真器的行为。
- 两条路径间的时延（时延扩展）；
- 衰落增益过程的带宽（多普勒扩展）；
- SNR（很长一段时间内两路衰减信号的平均功率与噪声的比值）。

衰减参数的典型值（表 2.1）可以在国际电信联盟无线通信部门（ITU-R）对 Watterson 信道仿真器用来测试短波调制解调器的推荐中找到[8]。这些测试参数假设两条等功率路径具有固定的时延扩展。每条路径都表现出瑞利衰落特性，衰落带宽由多普勒扩展定义。

---

① 当接收信号中既包含地波，又包含天波时，衰落过程通常建模为莱斯（Rician）分布，这是因为地波信号相对较强，而天波多径信号相对较弱。

表 2.1   中纬度信道特性（见 ITU-R F.1487）

信道条件	延时扩展/ms	多普勒扩展/Hz
安静	0.5	0.1
适中	1	0.5
扰动	2	1
扰动的近垂直入射天波	7	1

短波行业协会分会的一项研究曾发现，当用不同的短波信道仿真器测试时，仿真器中 Watterson 模型实现的不精确会导致测试结果不一致。该分会提出建议，明确了用于测试符合军用短波调制解调器标准的仿真器的标准规格。

2.4.3   中尺度变化

Watterson 模型信道仿真器现在广泛应用在短波调制解调器和链路层、网络层、传输层和应用层通信协议的设计、分析和性能评估中。但是，协议（在较长时间内，一个链路上双向交换数据包）对几秒钟到几分钟尺度上的效应是敏感的，这类效应存在于电离层中，但是 Watterson 模型没有表征出来。2.2 节曾提到，信号强度的中等时间尺度变化是电离层运动、法拉第旋转和电离层不均匀体聚集引起的。统计上看，这类中等时间尺度变化呈对数正态分布。也就是说，以分贝（dB）为单位的信号强度呈正态分布。

Furman 和 McRae 测量了一条从纽约罗切斯特到佛罗里达州墨尔本链路上的中尺度变化[12]。他们证实了 SNR 变化的对数正态分布，测量出均方差为 4dB 左右。结果发现信号强度变化的自相关函数是时间常数为 10s 左右的指数形式。

Johnson 和同事们将这些发现融入到 Walnut Street 模型中。在长时间的短波网络仿真中（就是指仿真持续几小时或者几天），这个模型提供了电离层信道建模的标准方法。它结合了下面三种时间尺度的效应。

- 大尺度效应：验证传播模型，如 VOACAP，被用来预测一条链路上每小时 SNR 的统计值。每次仿真都随机选择一个百分位数，每小时在这个分位上的 SNR 被记录下来（就是说，如果 0 点的 SNR 是这个小时 SNR 分布的第七十个百分位数，那么 1 点时的 SNR 就是当前小时 SNR 分布的第七十个百分位数，以此类推。随后的模拟会使用不同的分位数）。通过在每小时的 SNR 值间插值的方法，仿真期间任何时候的长期平均信噪比都能计算出来。

- 中尺度效应：SNR 的中尺度变化作为对数正态分布的随机过程产生，均方差和指数时间常数由仿真确定（如根据 Furman 和 McRae 的发现：4dB 的均方差，指数形式的自相关函数时间常数为 10s[12]）。中尺度变化被添加到内插后的长期平均信噪比值，如图 2.5 所示。
- 小尺度效应：调制解调器模型使用的瞬时信噪比值通过 Watterson 信道仿真器产生，因此就捕捉到了短期瑞利衰落特性。

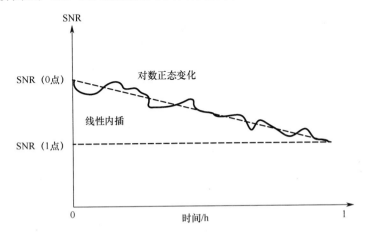

图 2.5　Walnut Street 示例

许多年来，这种方法已经成功地应用在大规模短波网络仿真中，也被用来探索短波数据链路协议和电离层衰减的潜在相互作用。

最近，Batts 等人对中尺度衰落测量结果进行频域分析后，发现将这类衰落建模成两个对数正态分布过程更好。

- 一个缓慢的大幅度过程，称为长期变化（LTV）；
- 一个更快但是幅度较低的过程，称为中期变化（ITV）；

在这项研究中，每隔 2.7s 测量的一系列数据被截止频率是 0.001Hz 的高通滤波器滤波，目的是去除昼夜交替的长期变化。对滤波后的数据进行快速傅里叶变换（FFT）变换，在 0.001～0.1Hz 间出现一个峰值。它对应的是 LTV 分量。当这个峰值从数据中被拿掉时，剩余的变化过程时间常数稍小，称为 ITV。

如图 2.6 所示，通过融入上述两个对数正态分布的分量，原 Walnut Street 建模方法可以得到推广模型。每个对数正态分量特征由两个参数表示：

- 对数正态分布的标准差/均方差（SD）决定了以分贝（dB）为单位的 SNR 变化的幅度；

- 指数形式的自相关函数的时间常数（TC）决定了衰减速率。

这个模型被验证符合两条天波路径的测量结果[15]：

- 从纽约罗切斯特到佛罗里达州棕榈湾的长距离路径（1697km）；
- 从纽约罗切斯特到沃尔科特的近垂直入射天波路径（61km）。

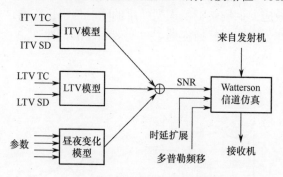

图 2.6　推广的 Walnut Street 模型

表 2.2 中的参数提供了实测 SNR 和模型仿真 SNR 之间很好的一致性（就是说，累计频谱分布的差异通常小于 1%）[15]。

表 2.2　测量路径的 LTV 和 ITV 分量

路径	ITV SD/dB	ITV TC/s	LTV SD/dB	LTV TC/s
远距离	3.9	5.2	3.5	180
近垂直入射天波	2.3	1.9	1.8	97

2.5　总　结

短波天波信道可以实现跨视距信号传播，主要通过信号在电离层折射后到达一个或者多个接收机（有时在发射机到接收机的路径上，信号多次被电离层折射回地面，又从地面散射回电离层）。电离层折射和吸收特性很大程度上取决于信号频率、纬度、时间点、季节、太阳天气等。

信号经过电离层中一层或者几层折射到达接收机，其中的每一层都可能在运动。接收到的信号常常是由路径损耗和相移随时间变化的多个独立信号组成。因此，多径干扰、深度衰落、脉冲噪声（非高斯）所有这些都可能叠加在缓慢变化的 SNR 趋势上。在第 3 章，我们将探索为了在这个有挑战性的信道中传输数据，短波调制解调器所使用的技术。

参 考 文 献

[1]　Goodman, J., *HF Communications: Science and Technology*, New York: Van Nostrand Reinhold, 1992.

[2]　Maslin, N., *HF Communications: A Systems Approach*, London: Plenum Press, 1987.

[3]　Johnson, E., et al., *Advanced High-Frequency Radio Communications*, Norwood, MA: Artech House, 1997.

[4]　Sommerfeld, A., "The Propagation of Waves in Wireless Telegraphy," *Ann. Phys., Series 4*, Vol. 28, 1909, pp. 665.

[5]　Perkiömäki, J., "VOACAP Quick Guide," http://www.voacap.com/index.html (last accessed March 2012).

[6]　Stewart, F. G., "Technical Description of ICEPAC Propagation Prediction Program," http:// www.voacap. com/itshfbc-help/icepac-tech-intro.html (last accessed March 2012).

[7]　Watterson, C., J. Juroshek, and W. Bensema, "Experimental Confirmation of an HF Channel Model," *IEEE Transactions on Communication Technology*, Vol. COM-18, No. 6, 1970. (Also published as "Technical Report ERL 112-ITS 80, Experimental Verification of an Ionospheric Channel Mode," U. S. Department of Commerce Environmental Science Services Administration, Boulder, CO, 1969.)

[8]　ITU-R Recommendation F.1487, "Testing of HF Modems with Bandwidths of up to About 12 kHz Using Ionospheric Channel Simulators," *International Telecommunication Union, Radiocommunication Sector*, Geneva, 2000.

[9]　McRae, D., and F. Perkins, "Digital HF modem performance measurements using HF Link simulators," *Fourth International Conference on HF Radio Systems and Techniques*, London, UK: IEEE 1988.

[10]　Furman, W., and J. Nieto, "Understanding HF Channel Simulator Requirements in Order to Reduce HF Modem Performance measurement Variability," Proceedings of the 2001 Nordic Shortwave Conference (HF01), Fårö, Sweden, 2001.

[11]　MIL-STD-188-110C, Appendix H, "Characteristics of HF Channel Simulators," DoD, 23 September 2011.

[12]　Furman, W., and D. McRae, "Evaluation and Optimization of Data Link Protocols for HF Data Communications Systems," *Proceedings of 1993 Military Communications Conference*, Boston, MA, October 1993.

[13]　Johnson, E., "The Walnut Street Model of Ionospheric HF Radio Propagation," *NMSU　Technical Report*, May 1997.

[14]　Johnson, E., "Interactions Among Ionospheric Propagation, HF Modems, and Data Protocols," *Proceedings of the 2002 Ionospheric Effects Symposium, IES '02*, Alexandria, VA, May 2002.

[15]　Batts, W., Jr., W. Furman, and E. Koski, "Empirically characterizing channel quality variation on HF ionospheric channels," *Proceedings of the 2007 Nordic Shortwave Conference* (HF 07), Fårö, Sweden 2007.

第 3 章　3kHz 信道内的数据传输

自短波无线电开始应用以来，利用电离层信道的数据通信一直在演变。基于火花隙发射机的早期短波信号，尽管仍然依赖人类操作员和摩尔斯密码表，但是已经很快发展成更复杂的通信网络。改进方法也迅速地接踵而至，比如出现更复杂的调制技术——包括二进制频移键控（BFSK）调制、多进制频移键控（MFSK）调制、多载波并行调制和正交频分复用（OFDM）调制。虽然 OFDM 现在被应用在商用短波广播设备（如数字调幅广播）中，但是现在的高性能、双向数据通信（如军事通信）通常采用具有稳健的前向纠错方案的串行数据波形（单载波），在 3kHz 的信道分配中操作。当已调波形被复杂的均衡技术解调后，这类波形在短波无线电信道中能比前面几类调制技术提供明显更好的全方位的性能。

3.1　概　述

第 2 章短波天波信道在几乎任何一个时间尺度上都是非平稳的。沿这样的路径发送数据的任意一次尝试都必须在发射和接收系统中的适当点考虑这个信道的时变和色散的性质。

- 克服信道长期变化的难点最好的方法是选择合适的工作频率，现代网络中的自动建立链路承担这项任务，在第 4 章将会讨论；
- 中期变化的不稳定性（在几秒到几分钟之间）可以通过数据链协议克服，该协议是一收到请求，就重发丢失帧；
- 短期效应（噪声、多径和短衰落）最好在调制解调器里解决，尽管早期短波调制解调器缺乏这样的处理能力。

本章回顾了短波调制解调技术的演变，接着讨论在 3kHz 窄带信道中用于军事数据通信的当前最先进的调制解调器和协议的一些细节。

3.2　数据波形

用最简单的术语来说，调制解调器的任务就是将用户数据流转换成模拟信号（模拟符号流），这个模拟信号能够通过通信电台的音频通带，然后在接收站又转换回比特流（希望和发射端比特流相同）。早期调制解调器设计采用了频移键控（FSK）方案，即在一组频率中选择一个来发送数据流中的比特。最近的设计在一个或多个音频频率（子载波）上应用 M 进制相移键控（MPSK）或者 M 进制正交幅度调制（MQAM），子载波位于无线音频通带内。3.2.1.2 节将要讨论的 OFDM 是多个子载波调制方法的一个示例。在介绍当前的高性能单音串行波形细节前，本节先探讨短波调制解调器设计的可选方案。

3.2.1　设计空间

随着技术的稳步推进，连续波调制取代了火花隙发射机。后来，连续波又被越来越复杂的频移键控波形取代。20 世纪 50 年代末，第一个多音并行调制解调器（16 音的动态复用波形）被开发出来，并进行了测试。这些相对简单的波形在良性的信道中每个都能充分地携带数据，但是在衰落、多径和噪声等更多挑战性的信道条件下几乎没有鲁棒性。由于简单方案的计算过程也非常复杂，当时的电子技术不能使调制解调器具有充分的交织与纠错能力。

但是，到 20 世纪 70 年代末和 80 年代初，通信理论和微电子方面的研究取得实质性进展，从而提高了短波数据通信的可靠性。两种主要的设计出现了：单音串行和多音并行。前者得益于先进的计算机技术，从而实现自适应信道均衡。两种设计思路都已经在商业产品中实现，导致了在各种短波应用中单音串行波形和多音并行波形的争论长期存在。

本节对短波信道中可靠发送数据的一些可选方法进行介绍和评估，其中包括单音串行和多音并行调制以及各种纠错方法。纠错方法里又包括了交织和信道编码。

本节将考虑多径传播、衰落和脉冲噪声等问题，它们中的每一项都对短波波形设计者提出了重大挑战。

- 多径传播导致符号间干扰（ISI）：发射符号的回声重叠，使得即使存在一个强信号的情况下，无差错的解调也相当有挑战性。
- 在一个衰落信道中，接收到的信号水平相对于接收到的噪声水平变化，导致 SNR 太低而不能解调出有用的数据。
- 脉冲噪声水平上升时，也会降低 SNR，从而降低信号的瞬时 SNR，同样会导致解调失败。

3.2.1.1　处理波动的信噪比

为了解决短波信道中的噪声和衰落效应，波形设计者采用前向纠错（FEC）和交织结合的方法。FEC 的机制是故意在比特流或者符号流中引进冗余数据，从而帮助接收机校正信道中引入的错误。短波信道中常用的前向纠错码是 RS 码、Golay 码、BCH 码、TCM 码和卷积码。也有研究考虑过短波信道使用 Turbo 码，但是 Turbo 码目前没有用于军用标准。因为大部分的军用标准要求所有波形的知识产权都应当是免费的，而 Turbo 码受到专利保护。

通常，如果由信道引起的错误在短时间内发生，前向纠错码纠正此类错误最有效。不幸的是，电离层信道在衰落和噪声爆发时能产生长字符串的错误。这样的突发错误将导致大部分的前向纠错码失败；在某些情况下，错误纠正过程实际上会引入额外的误差。

利用交织器可以帮助缓解这个问题。接收端解交织操作能将接收数据中的一串错误分离成数据流中广泛分散的错误，然后这些分散的错误可以由 FEC 纠错。但是，这要求交织器的长度要明显大于衰减或噪声爆发的长度。几种交织器结构（分组交织器、卷积交织器和螺旋交织器）在文献[2-3]中有详细介绍。交织器的益处是以延迟为代价的。对广播应用来说，使用长交织器几乎没有缺点，但对采用自动请求重传协议的数据应用来说，交织器的长延迟会大大降低系统的吞吐量。

3.2.1.2　处理符号间干扰

多径传播导致接收端的时延扩展。这种扩展的幅度随着纬度、季节、时间等因素变化；许多电离层路径会有几毫秒的时延扩展。这意味着短波数据信号会遭受相应数量级上的符号间干扰。对长符号而言（符号周期比时延扩展长），信号的这种重叠只发生在符号边界（图 3.1(a)）。但是对于更高的信号传输速率（符号周期比时延扩展短），解调器不得不在任何时刻处理多个符号的重叠回声（图 3.1(b)）。

在这种情况下，有两种方法用来解决多径引起的符号间干扰。

- 使用比预期的多径时延扩展长的符号时间，并且在解调时不要用含 ISI 的时间段。这限制了信号速率，从而也限制了每个调制的子载波可获得的数据速率。如果希望有更高的数据速率，必须采用多子载波调制。这种方法在第二代自动建链技术（8 进制 FSK 波形）、OFDM 和其他多音波形中使用。
- 以高符号速率对单个子载波进行调制，在接收机处尝试消除多径失真（如接收端采用自适应均衡器或者最大似然序列估计器（MLSE））。这种波形称为单音或者串音。根据用来处理符号间干扰的方法，单载波波形的实现可能比多载波波形的实现需要更高的计算能力。

1. OFDM

OFDM 指的是一种多载波波形，它在 1970 年申请到专利[4]。文献[5-6]中提及的多载波波形中，OFDM 带宽效率最高，计算复杂度最低。

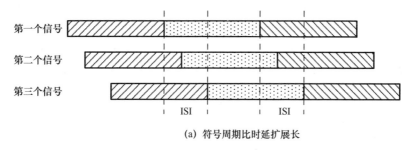

(a) 符号周期比时延扩展长

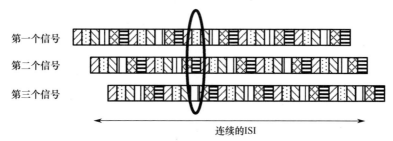

(b) 符号周期比时延扩展短

图 3.1　多径传播导致的符号间干扰

一个 OFDM 信号通常是这样产生的：在收音机音频通带内组合多个子载波频率，并独立调制各子载波（常用 PSK 或正交幅度调制（QAM））。子载波信号正交，它们之间的串扰就消除了：频率间距是帧产生速率的整数倍。

即使每个载波频率上帧速率较低，多个子载波同时携带数据，也能获得有效的整体数据速率。这就使得 OFDM 帧的时间比信道的时延扩展长。在帧中包含一个循环前缀（保护时间），ISI（或者更精确地来说，帧间干扰）不需要用到复杂的均衡器就能够被完全地消除，只要 ISI 的长度不超过保护时间。未设置保护时间的 OFDM 也有相关研究报道[8]。但是，这种方法需要自适应频域均衡器，它比接下来描述的单音串行均衡器似乎更复杂。

OFDM 调制器与解调器可以通过 FFT 有效地实现，每个子载波频率都在 FFT 频率集中。Proakis 的文献[2]更加全面地回顾了 OFDM 的理论及其实现。

多音并行波形的一个例子是在美国军用标准 MIL-STD-188-110B 中定义的 39 音波形。它的帧长为 22.5ms，保护时间是 4.72ms。39 个子载波均由差分四进制相移键控（DQPSK）调制，使用 4bit 的 RS 码进行前向纠错。由于使用的是差分调制，解调波形时不需要信道估计。但是，如果用的不是差分调制，而是相干调制，为了正确的解调，接收机必须要有信道估计和针对每个子载波的单抽头均衡器。

在多径衰落信道传输数据使用 OFDM 波形，关键的限制之一在于频率选择性衰落。这种类型的衰落能抵消或者严重降低 OFDM 许多子载波的信号强度，产生不可降低的误码率。20 世纪 90 年代初期，为了创造出一种不受频率选择性衰落影响的更稳健的调制方案，研究者们将码分多址（CDMA）和扩频（SS）的一些特性与 OFDM 结合起来，于是诞生了 OFDM-CDMA。大部分原始研究关注于蜂窝系统的上行链路和如何更好地结合 SS、CDMA 和 OFDM 的优势。OFDM 使用保护时间，可以将均衡过程有效地简化为执行频域内每个子载波的单抽头复数乘法操作。CDMA 和 SS 是用来分离利用同一个蜂窝信道和基站通信的多个异步用户的，也可以用来创造更加稳健的调制方案（频域的 SS 可以看作频率分集）。这个新系统的另一个优势是：在解调过程（与 CDMA 类似）中应用多用户检测（MUD）技术，可以增加系统容量。

OFDM-CDMA 以完全不同的方式被短波使用[10-11]。与许多用户共享同一信道这一方式不同，短波中数据符号被视作虚拟用户，在频域中扩展（有别于 OFDM，OFDM 中每个数据符号调制一个可选正交子载波）。频谱上的扩展有效减少了由频率选择性衰落引起的所有数据的衰减，保证多径衰落信道下更好的性能。另外，运用这个方法产生了一个同步系统，因为所有的虚拟用户都按照同样的功率发送，所以不存在远近效应问题[①]（远近效应是 CDMA 蜂窝系统的典型问题）。因此，当 MUD 技术应用在接收机上时，异步多用户检测和远近问题的附加计算复杂度可以忽略不计。文献[12]指出，当使用未编码波形时，与 OFDM 相比，OFDM-CDMA 具备一定的性能优势；一旦交织和编码添加到调制波形中，两者性能就差不多了。尽管短波信道使用 OFDM-CDMA 有一些附加的细微优势（对于稍高的衰减速率和窄带干扰，略微稳健一些），但是与获得的优势相比，附加的接收机复杂度太高了。

2. 单音串行波形

在单音串行波形中，单个子载波以高符号速率调制，受信道带宽的限制。例如，现有的 3kHz 军用短波波形以 2400 符号/s 的速率调制 1800Hz 的子载波。这么高的符号速率要求波形应该进行严格滤波以适应信道允许的带宽（滤波前这个波形频谱的第一个零点在离子载波频率的 ±2400Hz 处）。在这个符号速率上，符号长度是 0.416ms，因此沿大多数的电离层路径传播会引进严重的 ISI。ISI 必须在单音解调器恢复发送过来的数据前去除。

---

① 远近效应问题存在于 CDMA 蜂窝电话系统中，接收到的信号功率差异明显。相对于距离信号塔（基站）较远的用户来讲，信号塔附近的用户接收到的信号强度要高很多。

　　针对单音波形，对抗多径现象的几种技术已经被开发出来[2, 13]：最大似然序列估计（MLSE）；自适应均衡器。

　　MLSE 方法获得的性能最好，因为它能利用沿多个路径到达接收机的所有信号的能量，但是实现 MLSE 的复杂度随信道脉冲响应的长度和调制密度（M-PSK 和 M-QAM）呈指数增长。例如，如果调制时使用 64-QAM，MLSE 有多径性能的 L 个抽头，MLSE 的状态数量将会是 64^{L-1}（进入和离开每个状态都是 64 个分支）。这种方法很快超过了现代处理器技术的能力。把状态减少的技术已被开发出来，其降低了 MLSE 的复杂度，但这些技术对于避免短波信道衰落特性的有效性还没有被证实。

　　MLSE 的替代方法——自适应均衡器具有合理的复杂度。但是，在 20 世纪 80 年代的第一代单音调制解调器中，即便是自适应均衡器计算复杂度降低后，仍然需要定制硬件。10 年之后，现成的数字信号处理技术才支持短波自适应均衡器的实现。

　　设计者可用的另一类单音波形是连续相位调制（CPM）。这种波形具有一些非常吸引人的特征，如恒定包络和带宽效率。但是，CPM 在短波应用中没有被广泛使用，这主要是因为 CPM 是非线性调制，需要利用 MLSE 解调波形（在多径衰落信道中解调波形需要更大的 MLSE）。值得注意的是，一些特殊的 CPM（如高斯最小频移键控（GMSK））确实存在允许使用传统自适应均衡器的情况。但是，多径信道中解调 CPM 通常的办法是 MLSE。如上所述，若要和目前的线性调制处理相同量的多路径（16 个或 16 个以上符号的多径扩展），可行的 CPM 波形设计中 MLSE 的计算复杂度仍然太高。

3.2.1.3　单音调制与 OFDM 的讨论

文献[15]提及了许多关于单音串行波形和多音并行波形的迷思和误解。

- "短波中，单音波形远优于 OFDM 波形"。这一结论源自 20 世纪 90 年代末 MIL-STD-188-110B 中单音波形性能比 39 音并行波形明显优越。但是，20 世纪 90 年代中期的研究发现：更好的 OFDM 波形和单音波形的性能差不多。

- "OFDM 波形比单音波形更适用于数字语音应用"。这种性能差异是在设备使用不同技术情况下观察到的。在这种情况下，出现差异的原因是某种波形标准使用的前向纠错码不同（如 RS 码和卷积码的错误统计不同），而不是由于不同调制的固有属性造成。

- "与单音波形相比，OFDM 带宽效率和功率效率更高"。在理论上，OFDM 能通过调整每个子载波上数据发送的速率，从而利用短波信道上的频率选择性衰落或者非均匀噪声和干扰。例如，如果一个频率落在频谱的空值区域内，最好不要以这个频率发送数据，而是增加在信噪比最高的子载波上发送的数据量。但是这种方法尚未用于短波，因为其实现过程非常复杂，需要从解调站到发射站的反馈。迅速适应非平稳的短波信道变化往往是不可能的。

- "OFDM 对慢衰落信道稳健性更强，因为它帧长较长"。这种说法并不合理。短波信道中的衰落比单音符号周期和 OFDM 帧长都要久。两类波形都需要处理衰落：采用交织器和 FEC 处理较短的衰落，采用自动重传协议处理较长的衰落。

这一节接下来的部分在波形实现和性能的一些指标上对比了单音串行和多音并行调制。

1. 比特错误率性能

一个通信系统的比特错误率（BER）通常表示成在指定带宽内（短波通常是 3kHz）信噪比的函数。这样的 BER 图是比较波形性能的一种直接方法，尽管在衰落信道中得到低比特错误率的值需要测试很久。图 3.2 表明了标准信道上单音和 39 音波形（MIL-STD-188-110B，2400b/s，长交织）的性能。此处的标准信道指的是多普勒频移 1Hz，时延扩展 2ms 的信道。在这个信道上，单音波形的表现明显更好。

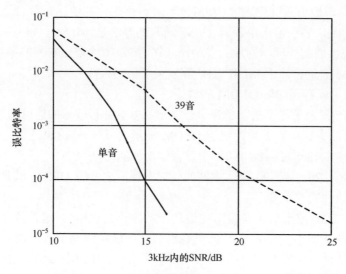

图 3.2　单音波形和 39 音波形的比特错误率比较（在文献[15]中）

图 3.3 是 2-PSK 调制的单音波形和采用 2-PSK 的 OFDM 波形两者的性能比较，两者都使用相干解调和相同的前向纠错。测试信道与图 3.2 中的信道相

同。尽管 OFDM 波形利用完美的信道状态信息，单载波波形也必须估计信道状态信息，它的 BER 也比 OFDM 波形提升了 1dB，性能更好[16]。

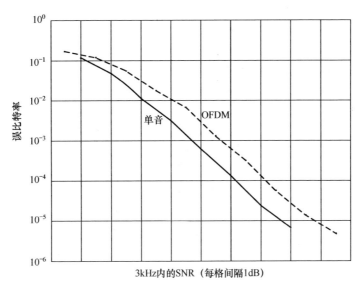

图 3.3　2-PSK 单音波形和 2-PSK 现代 OFDM 波形的比特错误率比较[15]

2．功率效率和带宽效率

为了训练均衡器，单音波形定期插入已知数据，因此降低了功率效率和带宽效率。OFDM 波形通过以下两种方式降低了带宽和功率效率。

- 插入保护时间。对于 39 音的波形来说，容纳 4.72ms 的保护时间（22.5ms 帧长中的 4.72ms），将损失 1dB 左右的效率。
- 当多音波形具有跟踪短波信道的能力时，损失的第二类来源就出现了。39 音波形中，选择 DQPSK 作为调制方法。差分调制不需要信道估计，不会降低吞吐量，但是消耗了超过 2dB 的 SNR，并且限制了波形的多普勒扩展能力。另外还可以通过发送已知数据（常称为导频音）来跟踪信号，在时域和频域中插入这些已知的导频音。这种方法的效率损耗取决于插入到波形中的已知数据与未知数据的比值大小，以满足理想的多普勒扩展和多径能力。

3．峰均比

一个波形的峰均比（PAR），或称波峰因素，是指峰值包络功率除以平均功率。这个比值是有意义的，因为短波功率放大器通常峰值功率是受限的。因此，为了避免在功率放大器的非线性区域进行操作，信号必须预留一部分和

PAR 成比例的功率。

单音波形的峰均比由滤波（模拟或数字）产生，滤波要求将波形限制在要求的带宽内，限制在用于调制该单音载波的星座图中。

对于 OFDM 波形来说，峰均比不均匀，这是由于时域上所有载波频率的瞬时幅值相加导致的，相加后得到了类似高斯的幅值分布。在最差的情况下，多音波形的 PAR 等于调制频率数量 N。实际上，最差的情况很少出现，大部分 $N>20$ 的并行调制波形的 PAR 是 9～14dB，主要取决于载波数量，小部分取决于每个载波调制和幅度。若调制解调器能够剪辑波形，峰均比可以进一步降低。当然，这种方法必须谨慎使用，因为过多的剪辑将产生不可降低的错误率：频域中载波的失真破坏了正交性，增加了底噪。最近几年，其他减小多音波形的峰均比的技术已经开发出来，但是它们都需要额外的带宽[19]或者在发射和接收两端需要进行额外的处理[20]。

表 3.1 给出了 MIL-STD-188-110B 中单音和多音波形的平均发射功率的测量值，测量用的是峰值为 20W 的 Harris RF-5800H 军用战术短波电台，内部自带调制解调器。接收信号的 SNR 也做了记录，表明发射电台中发射增益控制（TGC）和自动电平控制（ALC）功能的效果。为了使峰均比在 6dB 左右，对 39 音波形做了剪辑。

表 3.1　MIL-STD-188-110B 中波形的平均发射功率和接收到的 SNR

	单音，2400b/s 短交织器	39 音，2400b/s 短交织器
平均功率/W	10	6
接收信噪比/dB	30	21

很明显，峰均比对平均发射功率有很大影响。当功率放大器的峰值功率受限时，峰均比对接收的 SNR 影响尤其大。请注意，平均发射功率附加的 2.2dB（10W 与 6W 相比）几乎不包括在波形设计比较中，但是这会让单音波形在短波链路通信时具有明显的优势。强烈建议通信工程师在波形设计比较时考虑这种差异，以选出最好的波形。

4. 窄带干扰消除

窄带干扰（NBI）在短波通信中并不少见，例如外差频率或者频移键控的调制波形。当窄带干扰到达解调器前尚未消除时，单音解调器受窄带干扰的影响程度小于 OFDM 解调器。这是因为当干扰信号的功率接近 OFDM 信号每个载波的功率（总功率除以载波个数）时，窄带干扰会压过 OFDM 的载波。单音波形不会受到很大影响，除非窄带干扰的功率大得可以明显降低信号的 SNR。

OFDM 波形受窄带干扰还有其他方式。

- 如果窄带干扰的频率和 FFT 频率集的任何一个频率都不匹配，窄带干扰会扩散到多个频率点（而不是一个）。FFT 中隐式的矩形加窗使得调制后的载波看上去像一个旁瓣缓慢减少的 sinc 函数。
- FFT 解调对干扰信号中的不连续性（FSK 中频率改变，连续波的通/断）非常敏感。不同长度的矩形窗在频域内卷积，就出现了不连续性。这种不连续性也影响了加窗技术抑制旁瓣干扰的有效性。
- OFDM 解调器从数据中区分出干扰信号，是有难度的。

已经有许多关于提高 OFDM 波形窄带干扰消除能力的研究[21-22]，但是当窄带干扰的功率大于或者等于 OFDM 信号功率（0dB 的信号干扰比）时，大部分研究成果都失效了。

另外，带有窄带干扰消除能力的单音调制解调器显示了它在处理各种干扰（连续波（CW）、FSK、恒定频率等）方面具有令人印象深刻的性能，在较低的数据速率上表现尤其好（如 75b/s、150b/s、300b/s 和 600b/s）。STANAG 4415 标准的窄带干扰性能规范要求 75b/s 的数据波形能处理功率高于目标信号 20～40dB 的干扰。

5．计算复杂度

从计算复杂度来看，单音波形的解调过程要比 OFDM 波形高得多，这是因为单音波形解调需要自适应均衡器。与 OFDM 相比，这是单音波形一个明显的劣势。但是，单音串行调制方法具有的综合优势还是很有吸引力的，除非要实现的是一种更快的新型单音波形调制方法，它所要求的计算能力使得调制解调器实现起来不经济。因此，多年来单音波形都被美国政府和北大西洋公约组织（NATO）短波波形标准选用。

3.2.2　PSK 单音调制波形

本节介绍最初的 PSK 单音调制波形。它证实了自带自适应均衡器的调制解调器的性能，能在天波信道中提供相对迅速和可靠的数据传输服务。20 世纪 80 年代中期，美国政府资助的研究诞生了一种单音波形，它是 NATO 发明的 STANAG 4285 短波波形最初的参考设计。为了满足参与 STANAG4285 设计的各方，对这初始波形稍加修正，最终在 1989 年获得批准。第二轮的美国政府资助（这么做是为了增强原始波形设计）和 STANAG 的工作同时展开，产出了美军标 MIL-STD-188-110A 定义的波形设计[25]，该军标于 1991 年正式发表。这些波形细节处有些不同，但是提供了相似的性能，编码过的数据速率高达 2400b/s。

3.2.2.1   STANAG 4285

STANAG 4285 定义了一种简单的单音波形，它展现了这类波形的一些性能优势。频率为 1800Hz 的音频子载波（约在标准 3kHz 通带的中央）相移键控形成了 STANAG 4285 波形基本的调制方式。2.4kb 的符号速率与恰当的脉冲成形滤波器耦合后，就能允许在 3kHz 信道中实现这种调制方式的波形。STANAG 4285 的主体定义了 3600b/s、2400b/s 和 1200b/s 三种数据速率，分别由 8PSK、QPSK 和 BPSK 调制方式实现。尽管 STANAG 附录 E 不是其主体部分，但是它定义了实现 STANAG 4285 所用的 FEC 编码是约束长度为 7 的卷积码。这种编码方案定义了 1/2 速率的打孔卷积码，使得 3600b/s 未编码的数据速率映射为 2400b/s。1/2 速率的不打孔基码则可以将 QPSK2400b/s 的速率映射为 1200b/s，将 BPSK1200b/s 的速率映射为 600b/s。300b/s、150b/s 和 75b/s 等更低的速率则可以通过 BPSK 波形的重复编码来获得。STANAG 4285 波形的数据部分似乎都是由 8PSK 的符号组成的，和选择的调制方法无关。这是因为用了伪随机序列置乱待调制符号，以确保如果输入中有很长的恒值序列（如一串 0bit 序列），已调信号不会变成一个单音。因为置乱序列对于发射方和接收方都是已知的，接收机解调信号时能够正确地区分 BPSK、QPSK 或 8PSK。

STANAG 4285 波形的基本信令结构如图 3.4 所示。波形由重复的 256 符号段构成。在每个 256 符号段中，波形的前导码有 80 个符号，后面是交错排布的数据块和已知训练块，每个数据块由 32 个符号组成，每个训练块由 16 个符号组成。在图 3.4 中，每个 256 符号段中有 4 个数据块和 3 个已知训练块。每段最后的数据块后面跟着下一段中 80 个符号的已知前导码。

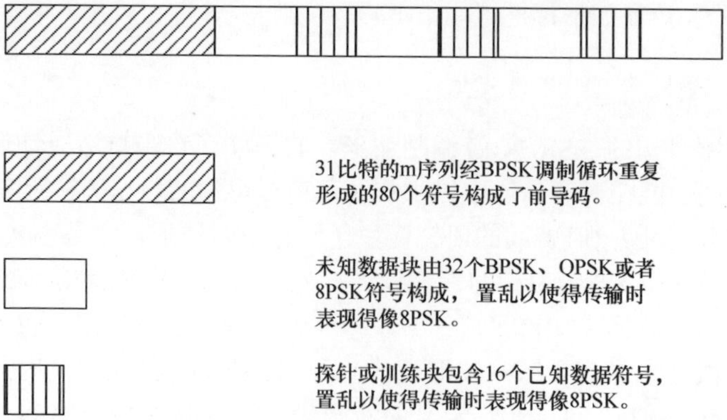

31比特的m序列经BPSK调制循环重复形成的80个符号构成了前导码。

未知数据块由32个BPSK、QPSK或者8PSK符号构成，置乱以使得传输时表现得像8PSK。

探针或训练块包含16个已知数据符号，置乱以使得传输时表现得像8PSK。

图 3.4   STANAG 4285 信令结构

1. 前导检测

STANAG 4285 波形的前导码用于信号检测、频率偏移校正和定时恢复。31bit 的 m 序列重复填充前导码的 80 个符号，采用 BPSK 调制。检测良性信道中的信号，用简单的相关接收机就足够了。但是要满足标准中 75Hz 的频率偏移和每秒 3.5Hz 的多普勒扫频要求，接收机需要更复杂的设计。

在短波衰落信道中，STANAG 4285 中的短前导码是明显的不利条件。为了使功能优化，接收机必须检测到信号的存在并且恢复信号定时，并和发射信号的第一个前导码进行相关运算。对较低的速率（FEC 编码提供了重要的冗余），检测器通过与随后的 80 个符号的前导码进行同步，可能可以在丢失初始前导码的情况下恢复信号定时。在一些信号充分存在冗余度的情况下，可以使得 FEC 无错误地恢复信号。但是，在多数情况下，短前导码是有问题的。

2. 单音串行解调

STANAG 4285 波形内数据块和训练符号块交替排列的设计是为了使解调能够使用复杂的均衡技术。该标准的附录 C 描述了一种传统判决反馈均衡器，展示了它在仿真的短波信道中获得的性能。另外，附录 D 描述了一种更复杂的均衡技术。

附录 D 中的均衡器最重要的方面在于它将均衡问题分解成两个不同的分过程。第一个过程是信道脉冲响应的估计，第二个过程是基于接收信号和估计的脉冲响应的数据检测。这种一般化的方法可以扩展成和附录 D 中完全不同却又同等成功的均衡公式。

均衡过程的目的是根据观察到的接收信号确定发送的是哪个符号。最小均方判决反馈均衡器（LMS-DFE）[2, 26]之类的简单均衡器，使用了前馈和反馈滤波器。它们根据滤波器的输出和做出的判决两者间的不同，直接调整滤波器的系数。更复杂的均衡器中，均衡过程被分成两个独立的任务。第一个是信道脉冲响应的估计，第二个是依据之前估计的信道脉冲响应和接收信号来估计数据符号。例如，对前面提到的判决反馈均衡（DFE）方法做些改动，它就能依据信道估计来计算前馈和反馈滤波器的抽头[2]。首先，在信道估计有效的时间内，DFE 可以用来处理信号和对接收到的符号值做出判决。然后，接收处理过程继续新一轮的信道估计、前馈和反馈滤波器抽头系数的计算和下一组符号的后续检测。

首选方法是在发送的波形中包括足够多的已知符号，以便于信道脉冲响应能直接根据已知符号估计出来。或者，信道估计可以从过去的判决中得到，但是这种方法在信号检测出错时必然提供较差的信道估计。

信道估计可以通过前导码计算出来，并由最小均方（LMS）信道更新准则维持。著名的 LMS 更新算法是一个用于更新估计的递归过程，来源于噪声梯度自适应解法。特别地，更新信道估计 f_k 的递归式为

$$f_{k+1} = f_k - 2\mu e_k \tilde{s}_k^*$$ (3-1)

式中：μ 为步长参数；e_k 为估计的信道输出和实际的信道输出之间的误差；$\tilde{s}_k$ 为信道估计器在时刻 k 检测到的符号和训练符号组成的矢量。

与判决设备结合的这种技术采用的常规方式是：先运行判决设备，然后更新信道估计，再运行判决设备，不断地以这种方式迭代直到算法收敛或者在实时系统中达到处理极限。

计算信道估计需要的已知符号数量必须至少是信道脉冲响应长度的 2 倍。对于相对较老的大多数单音波形来说，排在待解调的数据符号块前面或者后面的已知符号块往往长度不够，以至于不能直接用来计算信道估计。在此情形下，将使用 LMS 更新递归。

已知符号（训练）序列的长度能够制约可以容忍的信道脉冲响应的长度。一些检测策略采用的数学模型假设其相关矩阵是托普利兹（Toeplitz）矩阵。为了满足这个条件，数据块中最后一个未知符号的能量必须比跟在它后面的训练符号的最后一个先接收到。如果这个条件没有满足，那么矩阵就不是 Toeplitz 矩阵，就得采用别的方法。

均衡器检测到的符号随后被映射为比特。STANAG 4285 使用格雷编码调制方案。这么做是为了确保当一个代表了 3bit 信息的符号被错误地映射到最接近的相邻比特时，在接收机输出端只产生单比特错误。只有在罕见的情况下，才可以不采用 FEC 也能实现系统功能。但是用于卷积纠错码的附加信息可以从检测中获得。软判决信息蕴含了提供给 FEC 的每个比特的质量，比基于硬判决解码的编码方案具有明显的性能优势。卷积码有效使用软判决信息的能力使它具备了其他编码技术（如 RS 码）所没有的一个优势：其可能在突发错误的环境下能提供更好的性能[27]。STANAG 4285 波形采用的卷积码约束长度为 7，卷积速率为 1/2，获得了良好的性能，但是要求在传输结束时冲洗。

通过运用交织器来打乱由信道引起的错误突发，前向纠错机制的性能可以进一步增强。在短波中（由于衰落持续时间相当长），交织器长度必须比大多数其他数据通信信号中使用的交织器长得多。STANAG 4285 选择了两种深度的卷积交织器（0.8s 和 10.24s），其结构如图 3.5 所示。

与更常见的分组交织器相反，卷积交织器立即开始在空中传输数据。与此

同时，卷积交织器的初始填充（通常为 0）由编码数据穿插填入，直到达到交织深度，所有在空中传输的数据都是编码数据为止。这种交织器有一些有趣的性能，与具有相同的端到端时延的分组交织器相比，能提供明显更好的交织深度[28]。选择卷积交织器带来的结果是 STANAG 4285 波形定义了消息开始（SOM）序列，作为传输数据的一部分被发送出去。和大多数波形一样，为了表明何时终止传输，消息终止（EOM）序列也包含在传输数据中。请注意，在待发送的数据传输完后一定要冲洗卷积交织器（就是说，在用户的数据末尾插入 0）。

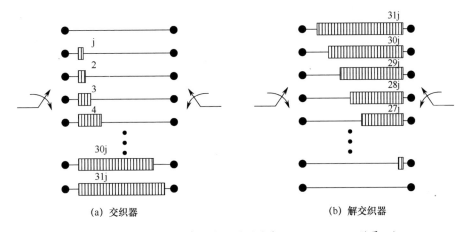

(a) 交织器　　　　　　　　　　　　(b) 解交织器

图 3.5　STANAG 4285 卷积交织器（改自 STANAG 4285 附录 E）

3.2.2.2　MIL-STD-188-110A 中的单音调制波形

　　MIL-STD-188-110A 中定义的单音调制波形有许多和 STANAG 4285 一样的特征。两种波形都用了潜在的 PSK 调制，1800Hz 的音频子载波和 2400Hz 的波特率。使用了类似的输入比特到调制符号的映射方式；在这两种情况下，数据符号都被伪随机序列加扰，以避免因数据中的长重复字符串（如全 0）而产生单种波形。在每种波形标准里，未知数据符号块和已知训练符号块交替排列，以便应用复杂的均衡技术。前向纠错编码方案以约束长度同样为 7 的卷积码为基础。但是，MIL-STD-188-110A 中的单音波形体现了一些 STANAG 4285 波形中没有的特征。

　　MIL-STD 单音波形使用的卷积码和 STANAG 4285 附录 E 中定义的卷积码非常相似，但是交织策略却相当不同。在 MIL-STD 单音波形中，前导码长度和使用的分组交织器长度匹配。该设计允许发送交织器的缓存区在发送前导码时被填充。有了 0.6s 和 4.8s 深度的分组交织器，前导码的持续时间具有重要意义。与 STANAG 4285 相比，在较差的信号环境下前导码检测正确的概率有很大改进。长前导码的一个附加优势是具备了嵌入一些对接收机有用的携带稳健编码信息的比特位的能力。与 STANAG 4285（接收机和发射机必须预先在要使用的数据速率和交织器的设置上达成一致）相比，110A 标准中的单音波形具有自适应特征，即接收机能够根据接收到的波形确定数据速率和交织器设置，而不需要提前知道它们的参数。

STANAG 和 MIL-STD 波形的设计者们对于 FEC 编码和整体波形设计问题选择了略微不同的方法。在 STANAG 波形中，数据和已知符号的比例在信令符号段中总是统一的，以前导码开头，以放在下一个前导码前面的最后一个数据块结束。MIL-STD-188-110A 单音波形设计的不同之处如图 3.6 和表 3.2 所示。对于未经编码的 4800b/s 和 2400b/s 这两种最高的数据速率，它的单音波形使用了 8PSK 方式调制信令，它和 STANAG 4285 波形有同样的结构，由 32 个数据符号和 16 个训练符号组成。对于 150～1200b/s 之间的速率，采用了不同的分组结构，即 20 个数据符号后跟着 20 个训练符号。分组结构中训练序列数量从 16 增加到 20 的这个改变提高了波形容忍时延扩展的能力。数据与训练符号块的和从 48 降到 40，也适度提高了波形应对多普勒扩展的能力。另一方面，接收机检测信号缺失或者从长时间的差信号中恢复的能力比 STANAG 4285 波形差一些。因为 STANAG 4285 中 80 个符号的已知数据块定期重新插入，给评估信号质量提供了更好的机会。

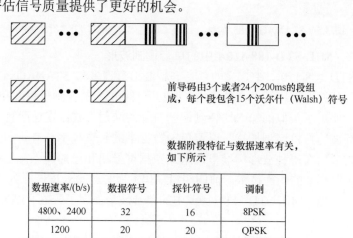

前导码由3个或者24个200ms的段组成，每个段包含15个沃尔什（Walsh）符号

数据阶段特征与数据速率有关，如下所示

数据速率/(b/s)	数据符号	探针符号	调制
4800、2400	32	16	8PSK
1200	20	20	QPSK
600～150	20	20	BPSK
75	—	—	Walsh

图 3.6　单音调制波形结构

表 3.2　MIL-STD-188-110A 波形摘要

数据速率/（b/s）	调制	FEC 编码速率	已知符号	未知符号
75	4-PSK *x* 32 个符号	1/2	无	全部
150	2-PSK	1/8 (1/2 速率重复 4 次)	20	20
300	2-PSK	1/4 (1/2 速率重复 2 次)	20	20
600	2-PSK	1/2	20	20
1200	4-PSK	1/2	20	20
2400	8-PSK	1/2	16	32
4800	8-PSK	无	16	32

　　波形结构的不同也导致了 FEC 编码方案的不同。因为没有和 4285 波形中 80 个符号的前导码重新插入的等价物，当 MIL-STD 波形使用 32 个数据符号和 16 个训练符号块时，数据符号的比例比 4285 波形比例（有相同的数据块和训练块大小）高得多。术语波形效率是指在初始前导码之后的波形部分中传输的数据符号和总符号数的比率。所有数据速率的 STANAG 4285 波形效率都是 50%，在 MIL-STD-188-110A 单音波形中，最高数据速率（2400b/s 和 4800b/s）的波形效率是 66.7%，在 150～1200b/s 之间速率的波形效率是 50%。MIL-STD 单音波形 8PSK 调制模式，波形效率高带来的结果就是不用对卷积码打孔就能达到 2400b/s 的数据速率，而打孔对于 4285 波形达到 2400b/s 的速率是必须的。

　　STANAG 4285 和 MIL-STD-188-110A 中单音波形的最后一个明显区别是采取了完全不同的调制方法以获得最低速率（75b/s）。最低数据速率的波形用的是和前导码一样的调制方案：沃尔什（Walsh）调制[1]在许多 PSK 符号或者码片上扩展。75b/s 的波形保证了在远比 STANAG 4285 波形（75b/s 的重复编码 BPSK 波形）差的条件下设备能稳健的解调。

1. MIL-STD 前导码

　　MIL-STD 单音波形前导码使用重复的 Walsh 帧保证在高时延扩展和高多普勒频移的信道中低信噪比时的同步。单音波形前导码的长度与选好的交织器匹配。对于长交织器设置，前导码长度是 4.8s，就是填充长交织器的时间。对于短交织或者没有交织的波形，前导码长度降到 0.6s，它和填充短交织器占用

---

[1] Walsh 调制中，对于每一个要发送的 *n* 比特前向纠错的码符号，需要从 2^n 个正交的多符号序列组中选一个来发送。

的时间一致。这样的话，当使用同步串行接口时，交织器在被填充的时候就可以同时发送前导码。否则，时间就被浪费了。

前导码由不同的段构成，每一段时间为 0.2s。这些段包括 15 个不同的 3bit Walsh 符号（图 3.7）。每个 Walsh 符号包含 32 个码片；每个码片都是从码片速率是 2400Hz 的 8PSK 符号表中挑选的。

段的结构如下：

（1）前 9 个符号是固定且已知的；

（2）接下来的 2 个符号是编码数据速率和交织参数设置；

（3）接着的 3 个符号是倒计时编码；

（4）最后一个符号有 32 个码片，是固定且已知的。

图 3.7　前导码 Walsh 符号

对于短交织器和没有交织器的方案，需发送 3 个前导码段；而对于长交织器方案，则需发送 24 个前导码段。

2. 前导接收

MIL-STD 单音波形定义中的一个缺点是发射信号不区分无交织器和短交织器的情况。结果就是，接收机能区别出长交织器和另两种可能性（短交织器或者无交织器），但却不能从前导码中区分出来是短交织器还是无交织器。所以，发射机和接收机必须对"短交织器码"代表无交织器还是代表短交织器预先达成一致。

3. 数据阶段

前导码一旦被检测到，如果数据速率是 150b/s 及以上，MIL-STD 数据检测和 4285 波形之前提过的数据检测以同样的方式进行。上面讨论过的均衡技术中，利用接收到的前导码完成信道脉冲响应的估计。使用该信道估计可能就做完了第一个数据块的试验检测。这试验检测的输出能被用来提高信道脉冲响应的估计，然后进一步修正检测。这个过程可能迭代多次来提高衰落信道中的性能，衰落是快速变化的信道的一个重要特征。

波形容忍多普勒扩展的能力与连续信道探测的时间间隔倒数成正比。关于这点思考的有效方法是当实际信道随时间变化时，将信道估计看作是它的抽样。很显然，对时变过程采样次数越频繁，时变的结果越接近。因此，忽略 MIL-STD 单音波形在 FEC 编码速率上的优势，可以预料到最高数据速率的 MIL-STD 和 STANAG 波形会表现出相似的性能，因为它们两者都采用了相同大小的基础数据块和训练块。

在均衡器假设是 Toeplitz 相关矩阵的情况下，检测器容忍时延扩展的能力与训练符号段长度明显相关。对于其他的均衡器结构，系统性能会有所下降，但能保证当时延扩展超过了训练符号段长度的时候不会造成接收机严重失效。在任意一种情况下，对训练符号段长度的依赖性使得 150～1200b/s 的数据速率的 MIL-STD 波形具有优势，该波形使用的结构是 20 个数据符号和 20 个训练符号。多出来的 4 个已知数据符号使得这种波形比 16 个训练符号的分组结构波形能多容忍 1.7ms 左右的时延扩展。

4. 用于 75b/s 数据速率的 Walsh 调制

图 3.8 是 75b/s 的数据阶段传输处理过程框图。在数据阶段，用户数据比特位有 1/2 速率，约束长度为 7 的卷积编码器编码。编码器输出比特后装入到分组交织器结构里。当一个交织器分组正被填充时，另一可选块被清空来产生发射波形。每次从交织器中移除两个比特，形成两比特的调制字。

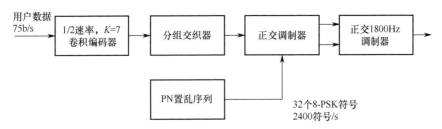

图 3.8　Walsh 发射数据波形生成图

在产生波形的这点上，此处的调制明显有别于 MIL-STD-188-110A 中高比特速率的调制模式以及 STANAG 4285 中全比特速率的调制模式。不是由两个调制比特直接产生 PSK 信号，而是用这 2bit 选择表 3.3 列出的 4 个正交 Walsh 函数中的一个[29]。

表 3.3　正交 Walsh 函数元素

调制字	四进制 Walsh 函数元素			
00	0	0	0	0
01	0	4	0	4
10	0	0	4	4
11	0	4	4	0

四进制的正交调制方法是把表 3.3 中与 2bit 调制字有关的四元素的序列重复 8 次，形成 32 元素的矢量。然后，这个 32 符号序列就和高数据速率的单独

符号一样被伪随机序列置乱。正交 Walsh 调制完成后，32 符号 8PSK 序列被低通滤波，再以每秒 2400 个符号的速率去调制 1800Hz 的子载波。

上述过程在每次成帧的时候都会被重复，32 个元素的置乱序列每成 5 个帧就会重复一次。另外，在每个交织器块的末端发射波形稍有改变，使用了一组高阶的 Walsh 函数，从而确定交织块边界。

在用户数据的尾部，32bit 的 EOM 通过编码器和交织器。这个 EOM 后面跟着 144 个冲洗比特（都设成 0），用来冲洗编码器。144 个冲洗比特输入后，附加的 0bit 被编码直到最后一个交织器块完全填满。这个交织器块内容的传输意味着 188-110A 75b/s 数据传输终止。

扩频信号（相对于信道相干带宽，它是宽带的）的最佳接收机众所周知的结构是 RAKE 或者相关接收机；众多文献介绍过这种接收机结构[2]。这种结构依赖信道的脉冲响应估计，用于和 RAKE 接收机结构分解出的多径分量相结合。最佳判决变量的计算取决于信道脉冲响应的准确估计。

实时调制解调器的实现必须要解决频偏估计和时间追踪的实际问题。频偏可能由失调、不准确的无线电参考基准或者高速运动的平台引起。两个调制解调器之间采样时钟或者参考时间的不同总会引起一些发射波形和接收信号处理两处幅度上的时间飘移。为了应对这个问题，接收调制解调器必须跟踪偏移量，实现对时间基准的纠正。

3.2.3　MIL-STD-188-110B 和 STANAG 4539

20 世纪 90 年代中期，加拿大通信研究中心的研究员们进行现场试验，来表征发射和接收操作利用极化分集而获得的改进。试验的测试信号交替地在垂直极化和水平极化天线上被发射出去，同时由位于远处同一个位置上的垂直和水平极化天线接收和记录。这样设置的话，就能查看发射和接收极化所有可能的组合，并且在接收处可以直接将任意一个天线的接收和一对天线信号分集组合后的接收作比较。

测试信号由不同数据速率的连续传输组成，各种数据速率是结合了以卷积码为基础的 FEC 的单音调制获得的。可用的处理能力的提高（与 20 世纪 80 年代的数字信号处理（DSP）技术相比）意味着改进的均衡技术可行，能有效地使用更有效的波形。为了尽可能在宽范围的条件下充分地表征分集增益性能，试验中将所用的 PSK 调制映射到数据速率，数据速率范围从采用了重复编码的 75b/s 到使用了穿刺的 8PSK 调制的 4800b/s。有趣的是，基于 QAM 调制的信号也包括在内，它提供了一系列可达 9600b/s 的数据速率。

测试信号的设计目的是选择信号。在低数据速率端，要求信号比在链路上更稳健；在高数据速率端，支持的信号比天波链路更复杂。然而，试验结果让人们认识到更高阶的 QAM 星座图不仅在地面波信道或者与分集合并配合使用时实际可用，而且在天波信道的许多情况下也能良好运行。

在同一时间段，NATO STANAG 5066 的早期草案被撰写出来。这个短波数据通信的新草案致力于获得比已存在的 STANAG 4285 和 MIL-STD-188-110A 单音波形速率大得多的数据速率而提出的新标准化波形。它的成果收录在 STANAG 5066 草案的附录 G，其中定义了能提供 3200b/s、4800b/s、6400b/s 和 9600b/s 数据速率的波形，分别用的是 QPSK、8PSK、16QAM 和 64QAM。选择超过 2400b/s 的数据速率是为了克服与已在其他波形中标准化的 2400b/s 数据速率的冲突和互操作性问题。

但是，国际标准的制定，很少能进展顺利。负责标准化的 NATO 团队认为新的波形不作为附录属于 STANAG 5066，它被归类为协议标准。相反，他们更喜欢用一个单独的 STANAG 定义波形。定义新的 NATO 标准的高速波形的竞争在法国、德国、加拿大与美国的合作开发团队三方中产生。正是这个合作团队的努力催生了 MIL-STD-188-110B 的附录 C。新的波形用了星座图和为 STANAG 5066 附录 G 开发的大部分波形结构，并做了进一步改进：一个提供 8kb/s 数据速率的 32 进制 QAM 星座图；一个咬尾卷积码；一个六交织深度的分组交织器；一个支持全自适应特征的前导码。

NATO 工作组举行的竞赛使三个设计相互竞争，英国国防评估与研究局的科学家们代表 NATO 进行测试。法国的竞争波形以利用循环前缀和导频的 OFDM 调制方案为基础，与 Turbo 编码的 FEC 方案相结合。德国的竞争波形以 PSK/QAM 架构为基础，使用的符号速率远大于先前的单音波形使用的 2400bit 的符号速率。当波形通过滤波器来适配常用的 3kHz 信道分配带宽时，较高的符号速率将导致性能上的一些衰减。最后一个参赛者运行的是 Harris 公司开发的 MIL-STD-188-110B 附录 C。

竞争的结果很清楚，新的 MIL-STD 波形明显胜出。这个标准化过程的最后结果是两个标准（STANAG 4539 和 MIL-STD-188-110B）采用了相同波形。STANAG 中的性能配置稍有不同，因为它们需要在仿真环境中使用无线电滤波器，并且 STANAG 中需要的性能目标在一定程度上更难达到，以确保 STANAG 调制解调器可以达到其他竞争波形难以获得的性能水平。

3.2.3.1　回顾和波形结构

表 3.4 总结了 MIL-STD-188-110B 附录 C 中波形的特征。

表 3.4   MIL-STD-188-110B 附录 C 波形特性

数据速率/（b/s）	调 制	FEC 编码速率
3200	4-PSK	3/4
4800	9-PSK	3/4
6400	16-QAM	3/4
8000	32-QAM	3/4
9600	64-QAM	3/4
12800	64-QAM	无

附录 C 的波形结构如图 3.9 所示。为了促进发射机自动电平控制和接收机自动增益控制功能，发射机可能选择性地重复发送初始同步前导码的前 184 个符号的共轭复数，最多高达 7 次。这个前导码的前 184 个符号是 BPSK 调制的伪随机序列，因为具有良好的相关性，有助于信号检测而被选中。它后面是一个 103 个符号的段，由两个 32 个符号的段组成（每个都是长为 16 的 Frank-Heimiller（FH）序列周期重复），被三个 13 个符号的 Baker 序列分隔开。三段 Baker 序列采用正交调制来编码数据速率和交织器设置。这使得接收机不需要数据速率和交织器设置的先验知识，就可以解码传输信号（这是有名的 MIL-STD 自适应能力）。

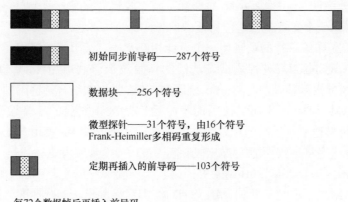

初始同步前导码——287个符号

数据块——256个符号

微型探针——31个符号，由16个符号
Frank-Heimiller多相码重复形成

定期再插入的前导码——103个符号

每72个数据帧后再插入前导码

图 3.9   附录 C 波形结构

初始前导码后面交替排列 256 个数据符号块和 31 个已知微型探针符号块。微型探针符号同样也是由 16 个符号的 FH 序列循环延伸构建的。

附录 C 中波形的设计者认为波形定期再插入前导码是有用的。这个定期再插入的前导码和初始前导码的后面 103 个符号一模一样，如果初始前导码丢失，它能保证采集到信号；同时简化了长传输过程的时间纠正。定期再插入的前导码是微型探针长为 31 个符号的原因。

由 256 个数据符号块和 32 个已知符号块组成的波形，波形效率是 8/9。它再配合 2400b/s 的符号速率和 3/4 速率的 FEC 码时，就得到了对于大多数调制同步接口来说所希望的数据速率。例如，每个符号 6bit，该方法就能得到 9600b/s 的用户数据速率。但是，周期性地重新插入前导码会降低波形的有效效率，从而脱离数据速率计算。在附录 C 的波形中，重新插入的前导码的 103 个符号可能被认为是重新插入的前导码之前的数据块中 31 符号的 FH 序列，加上 72 个附加的符号所组成。每个这些额外符号的效率损失已经通过在重新插入的前导码之间的 72 个帧中每个帧使用的 31 符号微型探针（而不是 32 个符号）弥补。

以 FH 序列为基础的微型探针发送时可以是两种相位的任意一个，正（+）或者负（−）。微型探针受重新插入的两个前导码间的 72 个帧中的自适应信息调制，正相或负相。这允许接收机仅仅从微型探针中推断出数据速率和交织器设置，而不必等待重新插入的前导码。实际上，这个特性在实际的短波信道中并不能有效工作。在大多数情况下，如果初始前导码丢失，信号的采集将与重新插入的前导码重合。

3.2.3.2 PSK 和 QAM 调制

将附录 C 的波形与之前的短波波形比较，它最具创新性的特征是对 6400b/s 及更高的数据速率采用了 QAM 方式，并使用了 16、32、64 进制 QAM 星座图。选择 QAM 星座图而不是 PSK 星座图，是为了获得更高的数据速率以提高带宽效率的需要，也是因为 8 进制以上的 PSK 星座图越来越不好的信号空间距离性质。图 3.10 所示的是 16-QAM 和 64-QAM 的星座图。这些星座图的显著特征（与经典的正方形星座图相比）是点填充固定半径的圆区域的方式，信号空间距离达最大化，而峰均比值最小。

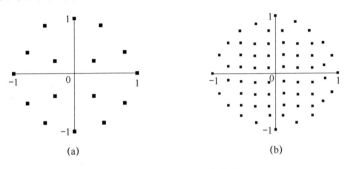

图 3.10 HF QAM 星座图

这些星座图经过精心设计，保留了正方形星座图理想的灰度编码特征。也就是说，对于大部分星座图上的点，若译码错误，不正确地选择了最接近的邻点，也只会导致在输出中单比特错误。

3.2.3.3 数据块的解调

附录 C 中波形的数据块有 256 个待解调数据符号，紧跟在数据块后面或前面的是循环扩展的 16 个符号 FH 序列。循环的 FH 序列具有理想的相关性质，如此便能在数据块之前和之后提供良好的信道估计。这些信道估计仅以已知数据为基础，无论如何都不依赖于接收机所做的决策。这和上一代波形通常使用的均衡方法不同，后者方法中最小均方更新过程中需要结合对数据符号的决策来更新信道估计。

当使用该方法时，FH 序列的长度将信道脉冲响应估计的长度限制到 16 个符号或者 6.7ms。这导致了其虽然符合 110A、STANAG 4285 波形的时延扩展能力，但是多普勒扩展能力有所下降。与在信道估计过程中不得不使用已知数据的方法相比，这种方法中数据块之前和之后能提供良好的信道估计，明显提高了性能。但是，两次信道估计的长时间间隔导致了与以前低数据速率的波形相比，对多普勒扩展的抵抗性稍差。

在大多数情况下，附录 C 波形的变种提高了波形效率（附录 C 波形 8/9，110A 2400b/s 和 STANAG 4285 波形 2/3），带来了更好的性能，因为它能用较低的调制复杂度达到相同的数据速率。例如，在多数信道中，附录 C 中 3200b/s 的数据速率比 MIL-STD-188-110A 或 STANAG 4285 中 2400b/s 的数据速率能提供更好的性能，因为它使用了 QPSK 调制而不是 8PSK。

3.2.3.4 前向纠错

附录 C 波形引进了全咬尾卷积码作为 FEC 方案的一部分。咬尾在基于分组的系统中明显提高了效率，因为它消除了在传输结束时刷新编码器的需要（正如前面提到的那样）。这种新的咬尾 FEC，使得将被发送的数据精确地匹配到可用时隙的持续时间成为可能，它是优化自动重传请求（ARQ）或时隙传输的一个重要特征。

这个 FEC 方案具备有利于分组传输的另外的特征。与 110A 一样，附录 C 波形使用的是分组交织器。但是，它提供了更广泛的交织选择，共有 6 种选择，范围从 0.12s 的超短交织器到 8.64s 的很长的交织器。很长的交织器在广播传输的衰落信道中具备良好的性能，而较短的交织器选择允许用户在延迟和抵抗衰落效应之间做出权衡。在许多应用中，与很长的交织器相关联的长延时的代价掩盖了在衰落信道中它的性能优势带来的任何增益。

3.3　短波无线电数据链路的 ARQ 协议

迄今为止，提出的调制解调器波形包括用于应对短波信道短期变化的复杂机制。但是，正如本章引言提到的那样，长期变化要求协议栈较高层具有自适应特征。因此现在讨论链路层协议，它们通过自动帧错误检测和重传，改善了短波信道中数据传输的可靠性。

3.3.1　短波无线链路的 ARQ 协议介绍

在数据链路层，待发送的分组被分割成帧，它是几百字节的连续片段。为了检测错误，每个待发送的数据帧计算出校验和与循环冗余校验码，然后添加到帧中。接收机从接收的字节数中重新计算错误检测代码。如果结果与随数据一起发送的校验码不一致，接收机要求重传。

大多数短波数据链路一次在一个方向上操作，因此短波 ARQ 协议是循环的：A 站向 B 站发送一个或者多个用户数据帧（正向传输），然后链路方向反转（A 站成为接收机，B 站成为发射机），A 站发送一个确认信号（ACK），链路再次反转。循环反复，直到所有的用户信息或文件都被成功发送。

短波链路的链路周转时间比在其他无线介质中的周转时间长得多。这些一秒或两秒数量级的延迟，是由于在短波链路上需要采用相对较长的交织器。每个链路周转期间，发送协议已停止将数据传送到发送调制解调器之后，该调制解调器继续发送至少一个交织器时长的数据；然后物理层的方向就被反转了。在射频电子从发射到接收转换后，新的发射站必须在数据的第一个交织块到达信道前发送调制解调器前导码，反之亦然。这些长链路周转时间，和有效载荷的发射时间被量化成交织器大小的单位，极大地影响了短波无线电链路的 ARQ 协议设计。

一般来说，ARQ 协议是以下三类中的一类。

- 停止等待协议是最简单的。一个简单的数据帧被发送。发送者在有界时间内等待积极或消极确认信号（ACK）到达。如果消极 ACK 到达，或者超时，那个数据帧就重新发送。如果收到的是积极 ACK，就发送下一个数据帧。接收机丢弃有错误的接收帧，并提供给其高层用户无差错帧。停止并等待的 ARQ 协议在短波链路上可能是低效的，因为正向传输时间短。一方面，单个数据帧可能连一个交织器都填不满，所以该交织器的剩余部分必须被一次性填满；另一方面，该周转时间的总和可能超过正向传输时间，在这种情况下，信道的生产性使用率低于 50%。

- 回退 N 协议在 ACK 信号停止发送之前，在每次正向传输时发送多个数据帧。这导致效率提高，超过了停止等待协议，是因为损耗在链路周转和接收 ACK 信号上的时间被分摊到正向传输的所有帧中。在回退 N 协议中，ACK 指示的是之前的正向传输中必须被重新发送的第一帧。在那个丢失帧后面的所有帧也必须被重新发送。虽然可能效率低下，但这意味着接收机不需要存储无序接收的帧。

- 选择性重传协议（也称为选择性确认协议）是最复杂的，但也是短波信道中最有效的 ARQ 协议。与回退 N 协议一样，正向传输承载多个帧，但 ACK 明确指出接收时是哪个帧出错。这消除了重新发送在接收机处没有错误的帧的必要（见回退 N 协议）。接收机必须保存无序接收的帧，一旦所有帧已无差错地被接收到，将这些帧重新组装成完整的客户数据分组所需要的信息。

图 3.11 说明了这三类协议在短波信道中的操作。在每个例子中，信道在相同的时间点上衰落了两次。

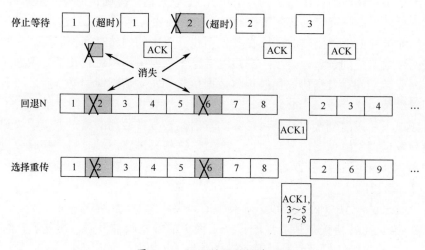

图 3.11　ARQ 协议的操作说明

- 在停止等待协议例子中，第一次衰落破坏了第一个 ACK 帧。发射机超时到期，并重新发送帧 1。ACK 信号接收到，所以发射机发射帧 2。但是那个数据帧被破坏，接收机没发送 ACK。在超时过期后，发射机重发帧 2。从该点再向前，链接再无损失。

- 在回退 N 协议例子中，帧 2 和帧 6 被破坏，所以只有帧 1 是确认的。因此，发射机从帧 2 开始它的第二次正向传输，后面是帧 2 随后的连续帧。

- 在选择性重传协议例子中，同样的帧（帧 2 和帧 6）被破坏，所以接收机确认帧 1、帧 3、帧 4、帧 5、帧 7 和帧 8 接收没有错误。在下一次正向传输时这两个丢失的帧被重发，后面是帧 9 开头的新帧。

注意，周转时间常被描述成比帧时间短。如果相反周转时间长于帧时间，停止等待协议将远远落后于回退 N 协议而不是性能上与它基本保持一致。

3.3.2　FED-STD-1052

为了在短波信道实现可互操作的数据通信，必须在协议栈的每一层采用通用技术（以及同意在希望互操作的组织之间的标准操作程序）。随着 MIL-STD-188-110A 中串行单音短波数据调制解调器的标准化，很快也明显地体现出需要一个标准的数据链路协议。美国联邦政府 1996 年在 FED-STD-1052 中公布了一种用于短波无线电的选择重传 ARQ 协议。

该协议在 2000 年前取得了一些成就，但是遭遇了冲突避免计时问题。一般来说，无线数据系统在传输时不能监听，这是由于发射机的输出和从一个遥远的节点到达接收机的信号之间的功率电平存在巨大差异。该协议尤其适用于短波无线链路，它的发射机功率放大器工作在数十、数百或数千瓦特。因此，发送 ACK 的站必须等待，直到发送数据的站结束发送；否则它的 ACK 信号将不会被听到。

我们碰到了一个难题：当正向传输在接收机处衰落很长一段时间，接收机必须要等多长时间才能确保其 ACK 不会和衰减的但可能持续的正向传输发生碰撞。在 FED-STD-1052 协议中，解决方案是等待最长的可能传输时间，再发送 ACK，这就造成了衰落链路上的显著延迟。FED-STD-1052 协议被舍弃的一个原因就是 NATO 在 STANAG 5066 中为短波链路标准化了一个选择性重传协议，并没有时延问题。

3.3.3　STANAG 5066

NATO 的一个为海上短波数据通信制定标准的配置文件项目演变成一个广泛采用的短波子网服务规范，被许多应用程序所使用。该标准的最新版本是 STANAG 5066 第 2 版，颁布于 2008 年（第 3 版已经准备好，但尚未公布）。

图 3.12 所示的是 STANAG 5066 应用的一个概念图。

- 该服务的用户是应用程序，如电子邮件客户端，在图 3.12 中所示的客户端计算机上运行。
- 客户端计算机通过局域网络（LAN）连接到一个 STANAG 5066 的主

机。这些客户端计算机上运行的应用程序创建套接字连接到 STANAG 5066 主机，发送和接收数据包，并控制子网服务。

- 在军事应用中，客户端应用程序可能换有密级的数据，所以在主计算机和物理层（调制解调器和无线电系统）之间添加了加密设备。对于非密级的应用程序，这是不需要的。
- 在图左侧表示的短波管理单元提供自动化的自适应服务，这些服务包括建立和维持由 STANAG 5066 中子网服务使用的短波链路。这些服务的细节在 STANAG 5066 中没有规定。我们将在第 4 章和第 5 章讨论自动链路建立（ALE）、自动链路保持（ALM）和自动信道选择（ACS）。

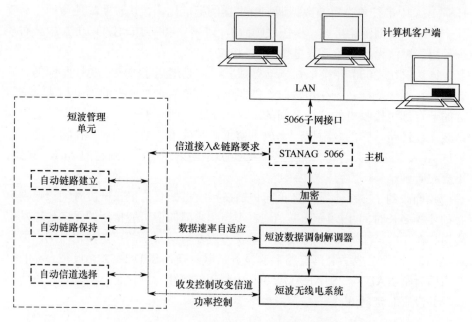

图 3.12　STANAG 5066 应用的概念图

STANAG 5066 子网服务的分层结构如图 3.13 所示。图中未加阴影的三个子层在 STANAG 5066 中有规定。这些子层，还有标准化客户的挑选将在本节中简单讨论。

3.3.3.1　数据传输子层

在 STANAG 5066 附件 C 中，数据传输子层（DTS）规定了一个选择性重复 ARQ 协议，其具有许多吸引人的特征：

- 每一帧的报头包括传输结束的字段。这个 8bit 字段指定当前传输剩余多少，以 0.5s 为单位。这消除了在扩展的信道衰落期间引起的传输结束的模糊性（如 FED-STD-1502 协议所述）。如果一个报头接收无误，接收机就知道什么时候发送 ACK 是安全的。注意这个字段使 STANAG 5066 传输的持续时间限定在刚刚超过 2min。

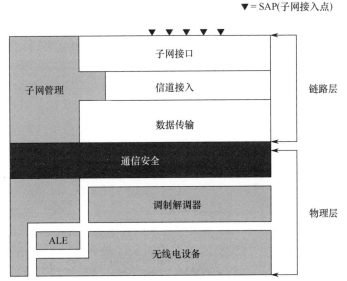

图 3.13　STANAG 5066 分层结构

- 数据和 ACK 帧的类型规定：帧的报头携带 ACK 信号，而客户端数据由帧的主体部分携带。前面描述过的简单 ARQ 循环中，正向传输中一个站发送数据，而另一个站只允许发送 ACK 信号。通过使用数据和 ACK 类型的帧，STANAG 5066 链路上的每个站在轮到其传输时，可以发送正向传输，将最近收到的数据确认的 ACK 信号附加到数据传输中。如果协议仅允许单向数据流，这种方案可以消除端到端链路上管理数据流的方向所需要的开销。

- 一个滑动窗口流控机制与选择性重复确认很好地整合在一起；这减少了必须发送的选择性 ACK 帧号码的数目。利用 8bit 数字从 255 到 0 回绕，对帧进行编号（也就是，以模 256 递增）。帧头部报告的接收窗口下边缘（RX LWE）识别还没有被接收的编号最小的帧（模 256）。这隐含承认了所有低编号的帧（模 256），并且还设置了具有 128 帧的接收机流量控制窗口的下边界。当一个新接收的报头中 RX LWE 比以前接收的 RX LWE 大，且超过 1 帧时，所有的中间帧都被承认，无须单独列出。

1. 帧尺寸

一个有效载荷承载帧的数据部分长度可能会长达 1023B。其完整性由一个 32bit 的 CRC 校验，它和在帧头部中的（16bit）CRC 是分开的。每个数据帧实际携带的数据量在该帧的报头中显示。我们应该如何确定数据帧将要携带的有效载荷的每个片段的大小？从效率看，较大的片段更有利于分散每一帧的报头和 CRC 的开销。但是，较短的帧很可能在短波信道有时会经历的高错误率出现时更加健壮。该标准推荐了 200B 的默认帧大小，对于许多应用来说是一个良好的折衷方案。

2. 数据速率适配

短波数据链路协议，包括 FED-STD-1052 和 STANAG 5066，它们的一个强大的自适应特征是根据短波信道情况来调整其调制解调器数据速率的能力。通过使用这样一种波形，它的健壮性适合当前 SNR，并能随着 SNR 在与 ARQ 协议周期时间相称的时间尺度上的变化而调整，这将允许在 30dB 或更宽的 SNR 范围内进行可靠的操作。

数据速率适配的实际执行需要两样东西：①数据链路协议可使用的信道度量；②用以使用该度量选择调制解调器波形的算法。

对于信道度量，最自然的候选者是 SNR，这是通过许多短波调制解调器测量验证的。但是，在军事应用中，STANAG 5066 主机和调制解调器被一个加密设备分隔开，所以与调制解调器的通信将需要一个必须由相关的安全机构核准通过的旁路机制。因此，许多 STANAG 5066 的实现使用了替代 SNR、直接可用的信道度量——帧误差率（FER）。

在 FED-STD-1052 协议中，用于数据速率调整的算法是直截了当的，具体如下：

- 如果传输时接收到的无差错帧少于 1/2，就减小数据速率。
- 如果所有接收到的帧都没有差错，就提高数据速率。
- 否则，不做任何变化。

最近的研究[32]中明确总吞吐量通过使用取决于当前数据速率的 FER 阈值被优化，如表 3.5 所列。在较低的数据速率，即 FED-STD-1052 协议发表时使用的数据速率，FER 为 50%时降低数据速率是最优的。但是，在 MIL-STD-188-110B 中较高的数据速率，以 FER50%为阈值来调低一档速率并不会使 FER 减半，所以此时最好在更低的 FER 阈值时就调低数据速率。Trinder[32]也发现增加数据速率的时候可以更积极（如使用大于 0%的 FER 阈值）。

3.3.3.2 信道接入子层

STANAG 5066 附件 B 中信道接入子层（CAS）提供了一种用于接通和断

开到其他站的物理链路的机制。CAS 也将物理链路的状态变化报告给客户端（子网接口子层（SIS）），并提供一个 SIS 和 DTS 之间的管道，用于发送和接收数据报。

表 3.5　数据速率改变算法

数据速率/（b/s）	降低的误帧率/%	增加的误帧率/%
75	—	20
150	50	20
300	50	20
600	50	20
1200	50	20
3200	50	10
4800	35	5
6400	20	5
8000	15	2
9600	5	—

更复杂的信道接入协议，如自动建链和对等网络信道共享，超出了附录 B 的范围。

3.3.3.3　子网接口子层

STANAG 5066 附件 A 中 SIS 给短波子网服务的客户端提供了外部接口。这样的客户端绑定到 SIS 上的子网访问点（SAP），它和 TCP 的端口类似（图 3.13）。

短波子网服务的客户端通过交换接口原语与 SIS 交互。这些原语携带着客户端对 SIS 的请求，以及从 SIS 到客户端的响应和指示。实例包括绑定 SAP 和解除绑定 SAP 的请求、建立和终止链路的请求、发送数据报的请求以及到来数据报的指示。

1. 会话类型

STANAG 5066 的 SIS 提供三种类型的数据会话。

- 一个硬链接，由客户端明确建立、管理和终止。ARQ 可以用在硬链接中，但不是强制性的。
- 一个软链接，对客户端不可见，但是当发送放置在队列中的数据报需要时，软链接由 SIS 建立。ARQ 协议用于可靠、有序的传送。当没有更多的数据给链接目的地或者有必要给其他目的地提供均衡服务时，软链接由 SIS 终止。
- 一个广播会话，由 SIS 建立，传送非 ARQ 数据到一个或多个目的地。

它可以是永久的（对于仅有广播的站），或当需要时被建立。

CAS 接通和断开由 SIS 请求链接。

2. 寻址

STANAG 5066 子网中的节点使用可变大小的二进制地址寻址（尽管网络中的所有节点地址具有相同尺寸）。DTS 报头包含一个 3bit 地址大小字段和一个地址字段。这个地址字段包含源节点和目的节点的地址。它的大小（以 B 为单位）由这个地址大小字段指定。000 的地址大小表示 0B 的地址字段（即隐式寻址）。最大地址字段大小为 7B，或每个地址 28bit。因此，32 位的 IPV4 地址不能使用，如果要在短波子网中进行互联网流量传输，必须提供从 IP 地址到 STANAG 5066 的地址映射。

3.3.3.4　客户端协议

STANAG 5066 的附件 F 定义了连接短波子网服务的客户端接口。对于某些客户端类型，也定义了为在短波子网中高效工作已经被"调谐"了的应用层协议。STANAG 5066 的所有实现必须在 IP 客户端的 SAP 9 提供子网接口，并且必须提供能监听 TCP 5066 端口的 TCP 套接字服务器接口。其他（可选）的客户端包括以下几个。

- STANAG 4406 附件 E 用于战术军事消息处理。
- 一套面向短波的电子邮件客户端。短波邮件传输协议（HMTP，由简单邮件传输协议（SMTP）衍生而来）用于通过网络推送邮件；HFPOP（起源于 POP3）用于从服务器下载消息；CFTP，类似于 HMTP 但传输前会压缩消息。
- 一个操作员联络（短波聊天）的客户端。
- 提供面向字符的串行流服务的通用数据传输客户端。一个使用 STANAG 5066 ARQ 的可靠的面向连接协议；一个使用非 ARQ 服务的不可靠的面向数据报的协议；以及通过短波子网传输以太网类型和以太网帧的有效载荷字段的以太网接口。

本章中 CFTP、STANAG 5066 ARQ 以及先进的调制解调器的组合实现了在短波无线电链路上电子邮件的有效使用和可互操作。在众多的用户群体中，电子邮件是"杀手级应用"，驱动了短波数据通信的快速增长。

3.4　信道共享

以上讨论的重点在于点到点的短波数据链路，但是有些应用涉及多个对等数据分发共享一个短波信道。实际上，我们有个"局域"网，用户隔着超过数百或数千公里的距离，共享一个广播信道。本节将讨论有效共享这样一个信道所面临的挑战。

3.4.1　媒体访问控制选项

共享一个通信通道的方法和人类交谈方式一样古老，我们可以从人类类似的对话中汲取短波信道共享机制的灵感。例如，与朋友共进午餐时，座谈往往采用以下协议。

- 当我有话要说，就等到"信道"空闲，然后再开始说话。
- 如果我们中两个或更多人在同一时间开始讲话，我们检测到碰撞，一段短暂随机的时间内暂停讨论；然后，如果另一方没有抓住临时的信道，就再试一次。

这种机制，和以太网使用的媒体访问控制类似，称为带冲突检测的载波监听多路访问（CSMA-CD）技术。然而，由于发射和接收功率水平的差距（如上所述），实际中对碰撞的无线电通信台进行碰撞检测是困难的。因此，无线网络通常采用某种形式的碰撞避免，产生了 CSMA-CA 协议。冲突避免通常采用的形式是在信道可用之后等待一个随机数量的"时隙"，再开始传输。

CSMA 协议通常被分类为"基于竞争的"媒体访问控制（MAC）协议，如图 3.14 所示。可替代的一类协议通过信道调度来避免争用信道。这样"不需要竞争"的 MAC 协议需要某种形式的信道管理。它的两个例子是时分多址（TDMA）和令牌传递协议。

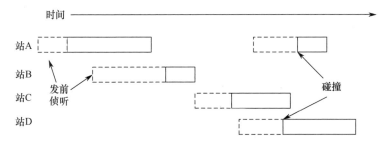

图 3.14　载波监听多路访问 MAC 协议

- 在 TDMA 最简单的形式中，信道上的时间被划分成不重叠的时隙，网络的每个成员都被分配在某个特定时隙中发送数据。没有成员在其他任何成员的时隙上发送数据，所以没有竞争。但是，当一个成员没有全部使用时隙，未使用的信道时间就被浪费了（图 3.15 中站 B）。

TDMA 的其他变体包括预留机制，虽然增加一些开销，但减少了浪费的时隙时间。

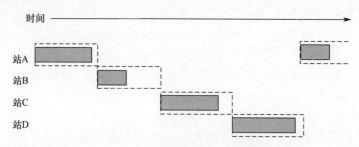

图 3.15   时分多址 MAC 协议

- 在令牌传递协议中，每一次只有一个网络成员被授予传输的权利；这种发送的权利传统上被称为"令牌"。当持有令牌的网络成员没有更多的内容发送，或已使用信道超过最大允许时间，它就将令牌传递给其他成员，以确保任何的信道时间都未被浪费（图 3.16）。网络成员组织成一个环传递令牌，但是广播信道直接传送数据报文到各自的目的地；不需要围绕环中继数据。

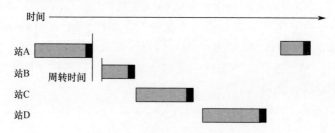

图 3.16   令牌传递 MAC 协议

在 MILCOM 2003 国际会议上提出的一项研究[33]，评估了这些具有替代性的 MAC 协议在海军战斗群的短波超视距局域网中的使用前景。在这地面波的应用中，标准的网络大小是 6 个节点，分布在一个直径为 200n mile 的圆内。网络通信是操作员与操作员聊天，混合发送电子邮件和文件。MAC 协议将和 STANAG 5066（按需修改）整合。物理层由库存的短波电台、调制解调器和通信安全（COMSEC）设备组成。

文献[33]中对 4 个候选的 MAC 协议进行了开发和评估。

- 时隙大小和分配固定的简单 TDMA 协议。
- 从伯克利无线令牌环协议衍生而来的令牌传递协议。
- 在 IEEE 802.11 中使用的 CSMA-CA 协议，具有分布式协调功能

（DCF）。

- 为了使 DCF 在短波网络有更好的性能而修订的版本，称为 DCHF。

该研究在负载较轻的网络中从消息延迟角度评估了这些 MAC 协议，并在 5 个和 50 个节点的网络重负载的情况下评估了这些 MAC 协议可获得的吞吐量。对于 6 个节点的网络，更新的结果报告如下：在每一种情况下，数据以 6400b/s 发送，传输持续时间长达 4.32s（适合于 MIL-STD-188-110B 调制解调器）。

MAC 性能的关键决定因素被认为是周转时间，它从一个分组的前导码到达一个节点的天线开始测量，直到响应信号的前导码离开该节点的天线结束。在许多无线技术中，测得的周转时间数量级是微秒（最多是毫秒），但对于 20 世纪初典型的 COMSOC，测得的周转时间约为 2s。

在使用无竞争的 MAC 协议的网络中，来自不同节点的传输之间只需要单个链路周转时间。但是，基于 DCF 的 CSMA-CA 协议在交换数据分组和链路层确认之前采用了请求发送和明确发送的握手。每次数据传输，这 4 个分组需要 4 个链路周转。因此，如图 3.17 所示的吞吐量曲线图中，当周转时间是秒而不是毫秒时，CSMA 协议受到很大的影响。其结果是，当流量很大时，无竞争的 TDMA 和令牌传递协议显然是优先选择。

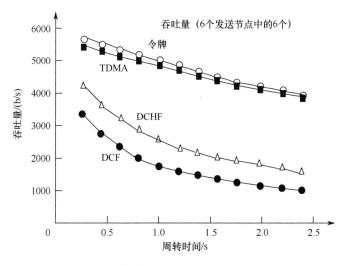

图 3.17　高负载下的 MAC 协议吞吐量比较

在轻负载时，我们感兴趣的是获取信道的延迟。这里，CSMA 协议预计会出类拔萃，因为它们允许节点立即进入争用信道。相比之下，无争用协议在节点之间旋转信道接入；因此我们预期（平均）各自要等待一半的周期时间来获得信道。6 个节点的网络结果如图 3.18 所示。

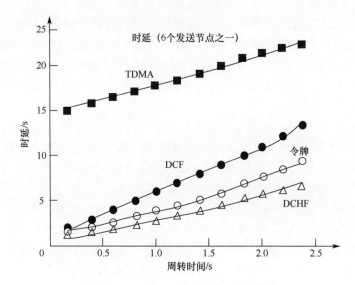

图 3.18　低负载下的 MAC 协议时延比较

　　正如所料，基于 DCF 的协议在网络轻负载时延迟低，尤其是当周转时间很短的时候[①]。TDMA 延迟是比较高的，因为它的周期时间不随负载变化；在这种情况下，网络轻负载时，几乎所有的时隙均未被使用。在轻负载时令牌传递周期时间比 TDMA 的周期时间短得多，只需要一个周转时间加上每个节点发送令牌的时间。在 6 个节点的网络中，令牌传递 MAC 协议的存取时间可与 CSMA 的结果相媲美，但大型网络不会有这种特性。

　　这项研究的结论是：令牌传递协议在重负载和轻负载下表现出色。作为结果，从 WTRP 衍生出的短波令牌协议充分发展，在海上经美国海军测试，并在 STANAG 5066 的附录 L 中被标准化（第 3 版尚未颁布）。

3.4.2　短波令牌协议

　　短波令牌协议（HFTP）可以相对有效地共享短波表面波信道，虽然当有站被添加到网络中时，每个站的可用吞吐量必然下降。当可以通过多个点对点链路的建立和动态释放满足通信需求时，更高的吞吐量可以通过多个频率合并使用来获得。

---

① DCHF 对周转时间的敏感性较低，因为 DCHF 忽略了在冲突避免时隙之前的 DIFS 载波监听时间。

　　下面介绍令牌传递协议的主要特点。当 STANAG 5066 第 3 版出版时，在这新版本的附录 L 中可以找到全部的细节。

- HFTP 自动形成站的单向环，来循环发送权利的令牌（图 3.19）。最初当没有检测到环时，通信站进入"自环"状态，定期征求继任者。当另一个站响应该请求时，这两个站就形成两个节点的环。

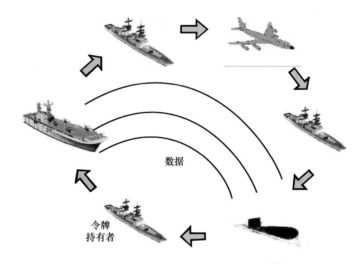

图 3.19　令牌传递短波信道接入协议[36]

- 检测到环的存在，但是不属于该环中成员的站，不允许进行发送。他们必须等待被邀请加入环。
- 环中的每个成员定期征求新站加入环。如果至少有一个新站响应，发出征求的站选择一个响应的站作为它的新继任者插入到环中。
- 持有令牌的站在它必须将令牌传递给它在环中的继任者之前，仅在一个有界时间内允许发送。占有令牌期间，站可以将数据发送到网络中任何其他的站。
- 当令牌已经发送给后继节点，但是听不到后继节点开始发送时，就检测到令牌传递环中相邻站之间的连接丢失了。这种丢失的连接可以重新串成环，也可以通过在丢失链路周围中继令牌的方法进行修复。
- 当令牌没有在有限时间内循环回到某站时，能检测到令牌丢失。检测到令牌丢失的站将创建一个新的令牌。
- 重复的令牌被检测并删除。
- 离开环的站通过将它的前身连接到它的继任者，明确退出环。如果还没有清理干净的站变得无法访问，这能被检测到，该站被它的邻居从环中移除。

此令牌传递信道接入协议在海军战斗群 TCP/IP 网络中正变得流行。表面波信道简化了能传播到所有网络成员的频率寻找过程。在由天波链路链接的站之间使用令牌传递协议的实验获得了成功，但这也表明，寻找单个工作频率非常具有挑战性。

本章使用 ALE 解决频率自动选择问题。

参 考 文 献

[1] Lin, S., and D. J. Costello, Jr., *Error Control Coding: Fundamentals and Applications, Second Edition*, Englewood Cliffs, NJ: Prentice Hall, 2004.

[2] Proakis, J. "*Digital Communications, Third Edition*", Boston: McGraw Hill, 1995.

[3] Wilson, S. "*Digital Modulation and Coding. First Edition*", Englewood Cliff, NJ: Prentice Hall, 1995.

[4] Chang. R., "Orthogonal Frequency Division Multiplexing," U.S. Patent 3488445, filed 1966, issued 1970.

[5] Malvar, H., "*Signal Processing with Lapped Transforms*", Norwood, MA: Artech House, 1992.

[6] Malvar, H., "Modulated QMF Filter Banks with Perfect Reconstruction," *Electronic Letters*, Vol. 26, 1990, pp: 96-990.

[7] Linnartz, J., and S. Hara, "Special Issue on Multi-Carrier Modulation," *Wireless Personal Communications*, Kluwer, No. 1-2, 1996.

[8] Vanderdorpe, L., "MMSE Equalizers for Multitone Systems without Guard Time," *Proceedings of EUSIPCO-96*, Trieste, Italy, September 10-13 1996, pp. 2049-2052.

[9] MIL-STD-188-110B, *Military Standard—Interoperability and Performance Standards for Data Modems*, U.S. Department of Defense, May 27, 2000.

[10] Kaiser, S., "Multi-Carrier CDMA Mobile Radio Systems—Analysis and Optimization of Detection, Decoding and Channel Estimation," Ph.D thesis, German Aerospace Center, VDI, January 1998.

[11] Perez-Alvarez, I., and I. Raos, et al., "Interactive Digital Voice over HF," *IEE Ninth International Conference on HF Radio Systems and Techniques*, University of Bath, UK, June 2003.

[12] Nieto, J. W., "Performance Comparison of Uncoded and Coded OFDM and OFDM-CDMA Waveforms on HF Multipath/Fading Channels," *SPIE Defense and Security Symposium*, Orlando, Florida, April 2005.

[13] Forney, G., "The Viterbi Algorithm," *Proceedings of the IEEE*, Vol. 61, No.3, March 1973.

[14] Anderson, J., B. T. Aulin, and C. E. Sundberg, *Digital Phase Modulation*, New York: Plenum Press, 1986.

[15] Nieto, J., "Does Modem Performance Really Matter On HF Channels? An Investigation of Serial-Tone and Parallel-Tone Waveforms," *Nordic Shortwave Conference HF '01*, Fårö, Sweden: 2001.

[16] Nieto, J., "Constant Envelope Waveforms for Use on HF Multipath Fading Channels", *Proceedings of MILCOM 2008*, San Diego, CA: IEEE, 2008.

[17] Walker, W., and J. Sutherland, "Improved Signalling and Apparatus," U.S.Patent 4881245, filed 1978, issued Number 14, 1989.

[18] Brakemeier, A., "Criteria to Select Proper Modulation Schemes," *Proceedings of HF 95, Nordec Shortwave Radio Conference*, Fårö, Sweden, 1995.

[19] Wulich, D., "Reduction of Peak to Mean Ratio of Multicarrier Modulation Using Cyclic Coding," *Electronic Letters*, Vol. 32, No. 5, February 1996, pp 42-433.

[20] Bauml, R., R. Fischer, and J. Huber, "Reducing the Peak-to-Average of Multi-carrier Modulation by Selected

Mapping," *Electronics Letters,* Vol. 3, No. 22, 1996, pp 206-2057.

[21] Cook, S., "Advances in High-Speed HF Radio Modem Design,"*Proceedings of HF 95, Nordic Shortwave Radio Conference,* Fårö, Sweden, 1995.

[22] Giles, T., "A High-Speed Modem with Built-In Noise Tolerance", *Proceedings of the 6th International Conference on HF radio Systems and Techniques,* York, UK, 1994.

[23] STANAG 4415, "Characteristics of a Robust, Non-Hopping, Serial-Tone Modulator/Demodulator for Severely Degraded HF Radio Links," *North Atlantic Treaty Organization, Edition 1,* December 24, 1997.

[24] STANAG 4285, "Characteristics of 1200/2400/3600 Bits per Second Single Tone Modulators/Demodulators for HF Radio Links," *North Atlantic Treaty Organization, Edition 1,* February 16, 1989.

[25] MIL-STD-188-110A, *Military Standard-Interoperability and Performance Standards for Data Modems*, U.S. Department of Defense, September 30, 1991.

[26] Widrow, B., and S. D. Stearns, *Adaptive Signal Procession*, Englewood Cliffs, NJ: Prentice Hall, 1985.

[27] Johnson, R.W., M.B. Jorgenson and K.W. Moreland, "Error Correction Coding for Serial-Tone Transmission," *7th International Conference on Radio Systems and Techniques,* Nottingham, UK: 1997.

[28] Li, G., et al., "Coding for Frequency Hopped Spread Spectrum Communications," *Technical Report ECE-93-1*, April 1, 1993.

[29] Elliott, D., and K. Rao, *Fast Transforms Algorithms, Analyses, Applications*, London: Academic Press, 1982.

[30] Jorgenson, M. B., et al., "Polarization Diversity for HF Data Transmission,"*7th International Conference on Radio Systems and Techniques,* Nottingham, UK: 1997.

[31] STANAG 5066, "Profile for High Frequency (HF) Radio Data Communications,"*North Atlantic Treaty Organization,* 2008.

[32] Trinder, S. E., and A. F. R. Gillespie, "Optimisation of the STANAG 5066 ARQ Protocol to Support High Data Rate HG Communications,"*Proceedings of MILCOM 2001*, IEEE, Tysons Corner, VA: 2001.

[33] Johnson, E. E., M. Balakrishnan, and Z. Tang, "Impact of Turnaround Time on Wireless MAC Protocols," *Proceedings of MILCOM 2003*, IEEE, Boston: 2003.

[34] Ergen, M., et al., "Wireless Token Ring Protocol," *Proceedings of Systems, Cybernetics, and Informatics*, Orlando, FL: 2002.

[35] IEEE 802.11, "IEEE Standard for Information Technology—Telecommunications and Information Exchange Between Systems—Local and Metropolitan Area Networks—Specific requirements. Part 11: Wireless LAN Medium Access Control（MAC）and Physical Layer（PHY） Specifications," *IEEE,* 1999.

[36] Johnson, E., et al., "Robust Token Management for Unreliable Networks," *Proceedings of MILCOM 2003*, Boston: IEEE, 2003.

第4章 自动链路的建立

短波天波通信的关键挑战之一是找到能够支持所需要的语音或数据业务的频率。在第2章我们指出，可用频率的窗口随着一天的时间、季节、空间天气环境和台站点位置的不同而变化。随着对这些依赖关系的认识逐渐深入，电离层传播的数学模型获得发展和完善。实现这些模型的大型计算机程序可以做出传播预测，但是这些都不能供大多数操作员日常使用。

一个简化的频率管理方法被开发出来，其中频率管理人员指定在各个特定时段使用的频带，然后分配那些频带中的特定频率供操作员使用。最简单的情况是，指定一个日间频率、一个夜间频率和在两者之间切换的时刻。这个程序不能提供100%的可靠性，但它很容易被理解，并提供了整个网络的互操作性。对于要求具有最高可靠性的关键短波无线链路，需要全时、高技能的无线电操作员来保障，以使链路的工作频率按照在电离层传播的信号变化而变化。

并不奇怪，在20世纪60年代卫星通信的引入提供了超视距通信的替代方式之后，那些承担得起卫星通信成本的用户就不再使用不太昂贵、但更难使用的短波无线电了。

20世纪70年代末期，随着微处理器的广泛使用，以前的许多繁重任务可以实现自动化。这场微处理器革命，产生了强大到足以运行如IONCAP的电离层预测程序[1]的个人计算机。这对当时仍在使用的短波无线电网络是有一定价值的，但是预测只能提供可尝试频率的统计性建议，不能实时反映偶尔与这样的预测结果无关的空间天气事件。

当微处理器不再看作是一个用于计算的独立装置，而是被嵌入到无线电系统内用来控制寻找和使用工作频率的过程时，微处理器在短波无线电中一个更强大的作用被发现。这个过程已经被命名为自动链路建立（ALE），这正是本章的主题。

4.1 引　言

20世纪70年代末期和80年代初期，领先的短波无线电公司的工程师们意识到，可以在他们设计的无线电中嵌入微处理器，工作频率的寻找就能实现自动化。这就使得使用短波无线电更容易。他们希望，这将导致短波无线电更广泛的使用（并因此获得更多的销售额）。各厂商都各自开发出了 ACE 方法，带来了 80 年代初销售额的加速增长。

但是，不同制造商的专有系统不能互相自动地建立链路。事实上，一个自动无线电的扬声器通常是静音的，直至它被该制造商的特定协议呼叫。因此，不同供应商的无线电甚至不会提醒操作员它们正被呼叫。

美国联邦机构中非互操作性的自动短波无线电系统的增殖很快引起了美国国家通信系统（NCS）的关注，NCS 机构负责确保"功能类似的政府电信网络和设施的设计应具备在国家安全领导要求的支持下快速和自动交换通信的能力"[2]。NCS 特别关注的是，在美国各基地的短波无线电设备在战争或自然灾害破坏了其他通信网络后，不能再用于重建政府（从作者获取的第一手资料得知，短波无线电设备因为此类突发事件而被保存在紧急行动中心的保险柜中）。

1984 年，美国 MITRE 公司承担了美国政府短波无线电网络的研究，以评估现有的和计划中的无线电系统的互操作性。正如所料，各种专有系统不具备互操作性，政府要求 MITRE 公司提出解决方案。在审查现有 ALE 技术的能力时，MITRE 公司为美国联邦政府定义了一套简洁的、有助于下一代短波 ALE 标准的关键功能。这些功能被组织成提高能力的分步走计划，后来称为"天国的阶梯"（图 4.1）。这些步骤将在下面简要描述。标准 ALE 的主要功能将在本章后面详细描述。

- **选呼和握手**：每个台站分配一个数字地址（呼叫标记），并且每个台站执行一个使用这些地址建立链路的标准协议。
- **扫描**：频率池被分配到网络中使用，空闲接收机通过循环扫描这些频率监听呼叫。
- **探测**：网络中的台站在扫描频率上周期性地发送自己的呼叫标记，使其他台站能确定哪些频率在工作。
- **轮询**：各台站对频率池中的频率进行双向测试。
- **连通性交换**：各台站执行一个标准协议来交换连通性信息（用于中继或路由协议）。
- **链路质量分析和信道选择**：各台站测量频率池中频率的链路质量（如 SNR），而不是一个简单的可用/不可用，将这些指标存储在数据库，并在选择发出呼叫的信道时使用该数据库。

- **自动报文交换**：各台站采用标准协议直接交换操作员或用户信息。
- **消息存储与转发**：各台站都能够间接地路由消息以解决链路中断问题。
- **网络协调与管理**：各台站执行一个标准的网络管理协议。

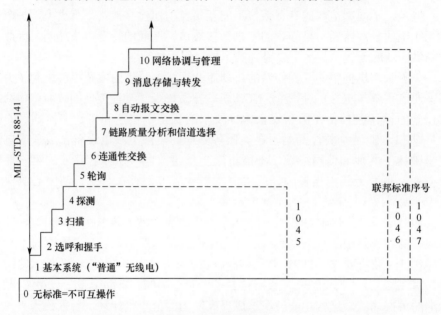

图 4.1　"天国的阶梯"

在这个 ALE 研究和功能分析的过程中，MITRE 工程师 Gene Harrison 与许多美国短波行业领先的工程师们一起工作。当 NCS 要求 MITRE 制定短波 ALE 新的联邦标准时，Harrison 融合了这些工程师们一些最好的想法（包括他们对下一代设备的设想），统一到新的标准 FED-STD-1045 中[4]。巧合的是，美国国防部（DoD）当时正在修改其短波无线电标准，并且采用了相同的 ALE 技术作为 MIL-STD-188-141A 新的附录 A[5]。

从之后流行的 ISO 七层参考模型来看，ALE 被认为是数据链路层的功能（图 4.2）。

如图 4.2 所示，ALE 协议采用的协议数据单元（PDU）称为 ALE 字,包含所有的链路管理和数据传输功能。一个可选的保护子层加密 ALE 字，目的是防止欺诈或其他操作。然后，FEC 应用到这些 ALE 字（加密过的或没有加密的），提供一些保护避免信道差错。本章的剩余部分将回顾 ALE 信令结构和协议，并将以链路保护方案的讨论结束本章内容。

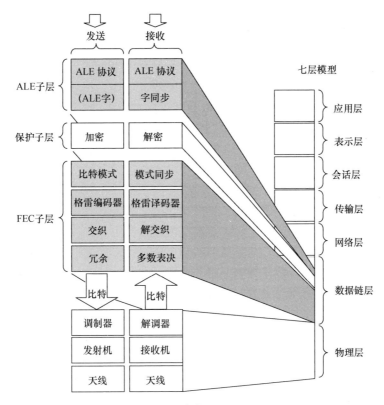

图 4.2　ALE 子层（参考 MIL-STD-188-141）

4.2　ALE 信令结构

一次 ALE 传输指的是被称为 ALE 帧的 ALE 字的连续序列。ALE 帧的结构会在 4.5 节中讨论。这里提出 ALE 字本身的结构，应用到该 ALE 字的 FEC 以及用来在短波信道中携带 ALE 字的调制解调器。

4.2.1　ALE 调制解调器

第 3 章讨论了在短波信道为携带数据流而设计的调制解调器波形。能自动建链的调制解调器必须面对同样具有挑战性的信道特性，而且还必须有效地传达信息的短脉冲，即 24bit 的 ALE 字。因此，长交织和卷积编码被 ALE 调制解调器排除在外。此外，20 世纪 80 年代初期可用的有限 DSP 技术使得只能选择简单的调制方式，即通过使用模拟滤波器 8 进制 FSK 实现在每个符号时间内，发送 8 个正交频率（表 4.1）中的一个，符号速率为 125 符号/s。每个频率

（符号）表示数据的 3bit，所以该波形的原始数据速率为 375b/s。

表 4.1　ALE 中 8 进制 FSK 调制解调器

频率/Hz	编码比特
750	000
1000	001
1250	011
1500	010
1750	110
2000	111
2250	101
2500	100

　　每个频率的符号周期是 8ms，相对较长，这使得数据传输速率很低，但是允许该调制解调器在不需要自适应均衡器中先进的信号处理的情况下应付时延扩展（第 3 章）。相反，我们可以简单地丢弃接收到的符号的边缘（边缘处存在符号间干扰），解调时只使用每个符号的中间部分（较长的符号周期也给予 ALE 调制解调器特有的轻颤音，调到 ALE 信道的短波听众们对此已经比较熟悉）。

4.2.2　ALE 字

　　24bit 的 ALE 字包含两部分：一个 3bit 前导码和一个 21bit 的数据字段（图 4.3）。在很多情况下，数据字段携带了 3 段 7bit 的 ASCII 字符，代表一个台站地址（呼叫标记）的全部或一部分。ALE 字也可用于在短波链路上传达联络线的命令。在这种情况下，数据部分以各种方式划分，经常使用前 7bit 指定命令和剩余比特，用于携带特定于该命令的参数。

图 4.3　ALE 字

　　每个 ALE 字是 8 个类型之一，由在该字中的 3bit 前导码所指定。字的类型和前导码字段的相应编码见表 4.2。不同类型 ALE 字的使用将在 4.5 节 ALE 协议的讨论中呈现。

表 4.2　ALE 字类型

字类型	前导码	用　途
TO	010	直接目的地址
THRU	001	组呼
TIS	101	直接来源
TWAS	011	直接来源；终止链路
FROM	100	快速 ID
CMD	110	公务线功能
DATA	000	扩展前面的字
REP	111	重复前面的前导码

4.2.3　前向纠错

在图 4.2 中，FEC 子层的目标是尽管天波传播中常见噪声、衰落和多径扩展等情况，仍能保证 ALE 字通过短波信道进行无差错传输。FEC 的 4 个步骤和相关处理被应用到 ALE 字上，来提高无差错接收的机会。ALE 的这个 FEC 处理将 24bit 的 ALE 字扩展到了 147bit 的冗余字。当使用 ALE 调制解调器发送时，所产生的 49 符号占据了广播的 392ms。ALE 系统中的这个基本时间段，通常缩写成 T_{rw}。（冗余字的持续时间）。

4.2.3.1　格雷码

在呼叫台站，编码 ALE 字的第一步是将其分成两半，每部分有 12bit。然后使用扩展的格雷（24，12）码对每 1/2 编码，这是一个完美的分组码，对每个 24bit 的 ALE 字最多能校正 6 个错误（每个格雷字 3bit）。FEC 码生成多项式为

$$g(x) = x^{11} + x^9 + x^7 + x^6 + x^5 + x + 1$$

来自于 $g(x)$ 的生成矩阵 G 包含一个标识矩阵 I_2 和一个奇偶校验矩阵 P。也就是说，格雷编码是系统的，来自 ALE 字的 12bit 未经修改被发送，随后发送 12 个奇偶校验比特。解码该编码方式，同时调整其误差检测与校正的平衡的一个简单方法，可以在文献[6]中找到。为了帮助接收机识别字的边界，第二个格雷字的奇偶校验位在发送之前被反转。

4.2.3.2　交织

如上所述，ALE 波形努力纠错的跨度被限制为每个单独的 ALE 字。因此，用来扩散信道错误以使格雷译码器进行更有效处理的交织技术，只在字内（392ms 的交织器深度）应用。原来的设计中，两个格雷字中的比特以伪随机方式被交织；然而，与更简单地运用完美洗牌算法的交织相比，认为它几乎不

具备额外的性能，因此选择后者作为标准。

4.2.3.3 三重冗余

交织两个格雷字后，可以得到 48bit 的编码数据。为了增强健壮性，这种编码/交织的 ALE 字被连续发送三次。在接收机处，多数表决被应用到校正一些错误和估计信道的错误率中（任何一次有异议的表决都表明至少发生了一个错误）。

4.2.3.4 填充比特

MITRE 针对 FEC 子层的原始设计采用了目前为止描述的三个步骤。加入第四个步骤，是为了提高军用时的健壮性。如果一个外差频率（或干扰频率）与某个 ALE 调制解调器的频率相互干扰，这种干扰可以在频域中被切除，但我们仍然会失去使用受干扰的该频率发送的任何比特。三重冗余不会有所帮助，因为每个符号 3bit，48bit 恰好能被整除，所以字的每一次重复将产生相同的有 16 个频率的序列。任何在第一次发送时丢失的频率也会在第二次和第三次发送时丢失。

一个简单的解决办法是在已经编码/交织过的 48bit 的字的末尾填充一个比特（始终设置为 0）。这使得已编码的 ALE 比特通过符号边界旋转，导致一些时间分集和带内频率分集。实践发现添加第 49bit 可以使衰落信道的信噪比的健壮性改善约 1dB。

4.2.3.5 接收处理

在接收机处，与一个新的输入信号同步的第一步是为调制解调器确定 8ms 的符号边界。一旦调制解调器声明 ALE 频率和时序的存在，下一步是实现字同步。识别冗余字之间的界线是 FEC 子层和 ALE 协议子层之间的一项合作进程。每个符号（3bit）从调制解调器传递到 FEC 子层时，纠错和字同步处理如下（图 4.4）。

- 在 T（当前三位），T_{49} 和 T_{98} 时刻接收到的 3bit 符号中，多数表决产生一个多数 3bit 和一致票计数（0，1，2 或 3）。
- 这个多数 3bit 与之前 15 个多数 3bit 连接，形成一个 48bit 的多数字（第 49bit 在这里被丢弃）。16 个多数 3bit 的一致票计数的总和与阈值做比较。如果一致票的总数达不到这个阈值，48bit 的多数字成帧正确是不太可能的，则处理被暂停直到下一个输入符号（3bit）到来。
- 如果一致票总和达到了阈值，48bit 的多数字解交织成两个 24bit 的格雷字。
- 格雷字单独进行解码。如果这两个字都可校正，12bit 的结果连接起来，形成一个 24bit 的候选 ALE 字，并传递给 ALE 协议作字同步的最终判决。但是，如果这两个格雷字是不可校正的，字同步将不会在这个符号上实现，并且处理被暂停。

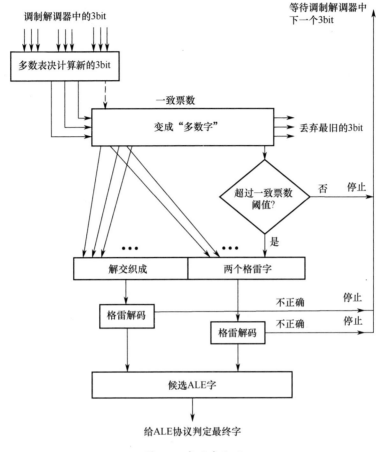

图 4.4　字同步处理

字同步一旦实现，FEC 子层中多数表决，解交织和格雷解码的任务只有在 49 个新符号都被接收后才执行（不是每个符号之后）。

4.3　ALE 寻址

ALE 系统提供了一个非常灵活的寻址方案，一个地址最多允许有 15 个字母数字字符。地址中的字符必须来自 ASCII-38 字母表，即图 4.5 中强调的部分。ASCII 表的这一小部分包括数字、大写字母，以及其他两个符号："?"和"@"。前者（?）作为通配符使用，而后者（@）在地址不是三个字符（一个 ALE 字的容量）的偶数倍的情况下，填充 ALE 字中闲置的位置。"@"和"?"字符也用于形成特殊目的的地址，将在 4.5.5 节中讨论。

行\列	b4	b3	b2	b1	0 (000)	1 (001)	2 (010)	3 (011)	4 (100)	5 (101)	6 (110)	7 (111)
0	0	0	0	0	NUL	DLE	SP	0	@	P		p
1	0	0	0	1	SOH	DC1	!	1	A	Q	a	q
2	0	0	1	0	STX	DC2	"	2	B	R	b	r
3	0	0	1	1	ETX	DC3	#	3	C	S	c	s
4	0	1	0	0	EOT	DC4	$	4	D	T	d	t
5	0	1	0	1	ENQ	NAK	%	5	E	U	e	u
6	0	1	1	0	ACK	SYN	&	6	F	V	f	v
7	0	1	1	1	BEL	ETB	'	7	G	W	g	w
8	1	0	0	0	BS	CAN	(	8	H	X	h	x
9	1	0	0	1	HT	EM	)	9	I	Y	i	y
10	1	0	1	0	LF	SUB	*	:	J	Z	j	z
11	1	0	1	1	VT	ESC	+	;	K	[	k	{
12	1	1	0	0	FF	FS	,	<	L	\	l	|
13	1	1	0	1	CR	GS	-	=	M	]	m	}
14	1	1	1	0	SOH	RS	.	>	N	^	n	~
15	1	1	1	1	SI	US	/	?	O	_	o	DEL

图 4.5 ALE 地址中 ASCII-38 字符集

　　每个 ALE 台站都被分配了一个或多个 ALE 自我地址，这些地址只应用于该台站。这些被称为单个地址。

　　将一个地址分配给被预先编程的台站的集合，就是所谓的网络地址。只有那些被编程去响应网络地址的台站才知道它可以作为一个集体地址；网络地址的格式和单个地址是相同的（表 4.3）。

表 4.3　ALE 地址类型

地址类型	描　　述	例子
个体	单个台站	JOE
网络	预先安排的台站集合	USA
小组	单个台站地址特别的集合	JOE BOB SAM
所有呼叫	广播：无应答	@? @
任意呼叫	广播：随机应答	@@?
通配符	匹配多个地址：随机应答	JO?

　　当希望建立一个一到多的链路，连接到多个没有被预先编程形成网络的台站，可以使用组呼设备。这里，所需台站的单个地址在呼叫中被列出，呼叫通常只有单个地址或网络地址。

　　ALE 系统还定义了一些特殊用途的寻址模式。

- Allcall 地址用来呼叫所有可用的台站；接受该 Allcall 的台站不回应，但会停下来监听来自呼叫台站的通信。
- Anycall 地址也呼叫所有可用的台站，但是接受 Anycall 的台站被要求做出回应。为避免他们回应的冲突，每一个响应台站从继呼叫之后的 16 个时隙中随机选择一个。
- 通配符地址包含一个 "?" 字符，代表该地址相应位置上的任何字母数字字符。和在 Anycall 中一样，被通配符地址呼叫的台站选择随机时隙来响应呼叫。

　　更多详细信息，包括这些特殊用途的地址的变化，在 MIL-STD-188-141 的附录 A 中定义。

　　表 4.2 列出的 ALE 字大多携带地址。TO 和 THRU 字指定呼叫的目的地，TIS 和 TWAS 指定呼叫台站的地址。每个 ALE 字最多携带三个地址的字符。当使用的地址超过三个字符长的时候，那些多余的字符被放置在第一个字（TO、THRU、TIS 或 TWAS）后面的 DATA 字中。

当地址长于 6 个字符时，一个管辖 ALE 字类型允许序列的重要规则开始起作用：连续的 ALE 字不能有相同的前导码，除非它们的内容和功能完全相同。当逻辑上在相邻的字中使用相同的前导码，但因为这个规则不能这样做时，就使用 REP（重复）前导码。因此，要呼叫一个使用 15 个字符地址的台站，前导码的正确顺序是 TO、DATA、REP、DATA、REP。

除网络地址和特殊用途的地址之外，ALE 台站要求能够识别和响应至少20 个独立的自我地址。

4.4　自动信道选择

现在转向 ALE 存在的目的：首先在两个或多个台站间寻找一个合适的工作频率；然后在该频率上建立链路。第一步是自动信道选择（ACS），在本节讨论，随后在 4.5 节介绍链路建立协议。

ACS 在主叫台站和被叫台站采用了互补机制，使曾经繁琐的手工任务变得自动化。当然，ALE 只有在以下情况下才能成功运行：已分配的频率池至少包括这样一个频率，它在时间、季节、空间天气的每个可能（不只是可能的）条件下都能工作。因此，原本推荐给 ALE 频率池的方法是跨越整个短波频谱，包括一些在正常情况下不应该工作的频率。那么，异常情况（如太阳耀斑）就不会导致停机时间延长（随着 ALE 网络从备份角色已经转变成不断被使用，频谱规划已越来越多地侧重于在可能传播的频带内提供充足的信道）。

4.4.1　扫描

接收机的工作是它对于在频率池中的所有信道可连通，尽管它不是在每个信道上连续可用。这是通过反复扫描那些信道和侦听 ALE 调制解调器的频率和定时来完成的。扫描速率取决于接收的 ALE 解调器确定 ALE 频率和定时是否存在于同一个信道上所需的时间。20 世纪 80 年代早期（专有）ALE 系统通常在每个通道上停留 500ms，但是 ALE 标准最近实现的常规操作有 100ms 的停留时间。

异步扫描体现在以下两个方面。

- 对于网络来说，没有明确的扫描时间表。当接通电源和从链路释放时，台站开始扫描，其他台站通常不知道这些情况。
- 台站的扫描停留时间可以是公知的，但是这只是最小停留时间。当调制解调器发现信道上的 ALE 频率和定时的时候，扫描将暂停长达 $2T_{rw}$

的时间（784ms），并试图实现字同步（见 4.2.3.5 节）。

结果是，尝试和扫描接收机进行通信的台站，通常不知道接收机什么时候将停留在任意一个特定的频率上。因此，为了使捕捉到扫描接收机的可能性高，传输必须持续 $2CT_{rw}$，其中 C 是扫描的信道数目。

4.4.2 探测

主叫台站在 ALE 系统中起决策作用：它负责选择在哪个信道上发出呼叫。这个决策可以通过传播预测程序来通知，但是 ALE 系统选择了更直接的方法。每个台站拥有来自其他台站传播的最近测量值的数据库，并使用该数据库来选择呼叫信道（当然，传播预测也可以进入到决策中）。

网络中任何正在接受呼叫的台站应该定期在每个信道上发送其呼叫记号（ALE 地址）来帮助保持其他台站的 ACS 数据库现状。这些探测性的传输必须持续足够长的时间，以使得每个扫描接收机都有机会接收并测量从探测台站到该接收机的链路的质量。如上所述，由于我们试图到达异步扫描的接收机，探测过程应该理想地持续 $2CT_{rw}$。然而，这是相当保守的估计，因为扫描台站在每个扫描的信道上很少会暂停以保证完整的字同步时间。实际运行的 ALE 网络通常使用更短的探测持续时间，因为如果不能明智地使用探测，它将会拥塞信道。

扫描的探测信号的格式是包含探测台站地址的 ALE 字的连续流。字类型通常为 TWAS，因为这表明当探测台站完成探测时，将立即离开信道。相反，如果使用的是 TIS 前导码，该探测台站有义务在探测后很短的时间内侦听该信道上的呼叫。

4.4.3 链路质量分析

接收到探测信号的接收机（在信道上扫描或停留）将试图实现字同步，如果成功的话，将读取发送台站的地址。在 MITRE 为 FED-STD-1045 做的原始设计中，即发送台站在该特定信道被侦听到的事实将记录在一个连接表中。然后此表可以在需要建立一个到该台站的链路时用来选择信道（图 4.1 中的步骤 4）。

然而，在评估 MIL-STD-188-141A 的 ALE 方案的过程中，决定将第 7 步（链路质量分析(LQA)）也包含在基本的 ALE 系统中。这意味着链路质量将被测量和记录，而不是简单地记录"通过/不通过"。

ALE 调制解调器可以进行链路质量的测量。

● 伪错误比特率可以通过在取得字同步和读取探测台站地址的时候记录

每个 ALE 字非一致票的平均数量的方法来估算。

- 信噪比也可以通过调制解调器测量。例如，如果 8 个频率集中的每个频率都有能量检测，我们可以在每个符号周期内计算信噪比，计算方法是活动频率集的能量与其他 7 个频率集的平均能量的比值。
- 测量多径也被纳入了考虑之中，但是这更复杂，很少这样做。

这样一来，连接表升级成为 LQA 数据库。当将要发出一个呼叫时，我们可以从该数据库中提取出按照到目的地的最新 LQA 分数进行排名的信道列表。这是 ALE 网络中常用的 ACS 的方法。

4.5 ALE 协议

当操作员指导 ALE 系统建立到达一个或多个目的地的链路时，第一步是选择合适的信道（或信道的有序列表）来进行尝试。然后台站执行空中协议，把它们从空闲（扫描）状态带到连接状态；连接表示各台站都调谐到同一信道，并准备交换业务。

4.5.1 帧结构

每次 ALE 传输的结构如图 4.6 所示。

- 接收帧的台站的地址先被发送，以使得每个网络成员都知道是停止扫描并接收帧还是读取目的地址后恢复扫描。
- 发送帧的台站在帧的末尾被识别。
- 所有命令或消息都被插入到帧的可选中心部分。

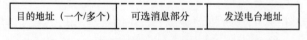

| 目的地址（一个/多个） | 可选消息部分 | 发送电台地址 |

图 4.6 ALE 帧结构

当被叫台站正在扫描时，呼叫台站必须反复发送被叫台站的地址来捕捉到该扫描接收机。帧的扫描呼叫部分是发送到可能正在扫描的接收机的任何一个帧的第一部分（图 4.7）。扫描呼叫期间，所有 ALE 地址只有前三个字符被发送。

帧的下一部分（总是存在）包含被叫台站的完整地址，被发送两次。这个被称为领先呼叫。最后，该帧的结束部分包含主叫台站的完整地址。

帧的内容和排序对于每一种类型的呼叫协议来说都有所不同。

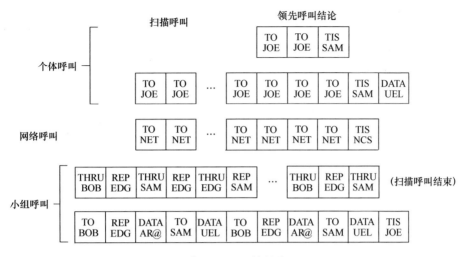

图 4.7　ALE 帧例子

4.5.2　个体呼叫协议

个体呼叫建立了一条主叫台站到被叫台站的点对点链路。该协议包括三次握手（图 4.8）。呼叫台站发送一个呼叫帧，如果被叫台站正在扫描，它以扫描呼叫开始。扫描呼叫中的每一个 ALE 字都是 TO 字。使用 TO 前导码表示该字包含了被叫台站地址的前三个字符。

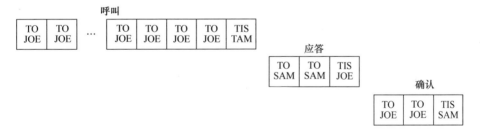

图 4.8　个体呼叫协议

被叫台站如果正在扫描，将在扫描呼叫期间的某一时刻到达所选择的信道上，在 TO 字中读取它的地址，并识别它正在被呼叫。任何读取 TO 字的其他台站会发现地址与它们的自我地址不匹配，将继续扫描其他信道。

被叫台站不知道哪个台站正在呼叫，直到呼叫结束。呼叫结束部分以 TIS 字或者 TWAS 字开头。TIS 字的前导码表明主叫台站希望建立一个链路。TWAS 前导码识别主叫台站，因此呼叫的链路质量分析可以正确输入到接收台站的 LQA 数据库中，但是它也表明该主叫台站发送该帧之后返回到扫描状态。

被叫台站不知道呼叫台站地址的长度，直到它在帧结尾处接收到 5 个 ALE 字，或者在接收到了帧结尾处至少一个 ALE 字之后信号丢失[①]。因此（除了 5 个 ALE 字的地址的情况），被叫台站必须在传输结束后再等待一个 T_{rw} 的时间，以确保传输结束。

成功接收呼叫之后，被叫台站将发送一个响应帧，这是给主叫台站的。发送响应帧之前，被叫台站可能需要调谐天线耦合器。呼叫台站允许留一些额外的时间来做这事（可编程参数）。如果主叫台站没有接收到及时的响应，它会自动中止建立链路的尝试，返回到扫描状态或者在另一个信道上重新尝试呼叫。

如果主叫台站接收到一个对它的呼叫及时正确的响应，它就知道所选的这条信道正在两个链路方向上传播信息。然而，被叫台站不知道该信道传播回到主叫台站。因此，主叫台站向被叫台站发送第三次传输，一个确认信号。这样就完成了链路建立协议。在这个时刻，扬声器取消静音来进行语音业务，或者数据链路协议被用于传递数据。

一旦台站建立联系，它们都开始等待活动超时（标称是 30s），如果两个台站在超时期间都没有发送，就将这两个台站返回到空闲（扫描）状态。每当任意一个台站发送时，超时就停止，并在每次传输结束时从 0 重新开始计时。

当台站返回到扫描状态，它可以通过发送以 TWAS 字结束的帧来公布这个消息。

4.5.3　网络呼叫协议

网络呼叫在多个台站之间建立多点链接。一个网络地址被编程以使其能被很多台站识别。当一个网络地址被呼叫时，使用的是和个体呼叫相同的呼叫帧结构，所有那些台站将准备响应。我们如何避免那些响应之间的冲突?方法是将那些响应分配到在呼叫之后的单个时隙中。

当一个地址被编程为网络地址时，会伴随产生一个时隙等待计时器值（对于每个网络成员来说值是不同的），它决定了呼叫帧结束后，被叫台站将要等待多长时间才发送响应。这种时隙响应的一个简单例子如图 4.9 所示。

呼叫结束后的第一个时隙，即时隙 0，总是被保留的（如用于调谐天线耦合器），不用于发送响应。时隙 0 之后，每个网络成员在分配的时隙中发送响

---

① 信号丢失由无线电或格雷译码器检测到。

应。所有的时隙都已经过去之后，呼叫台站将发送一个集体确认（如果所有台站都做出回应的话）。这样就完成了三方握手。

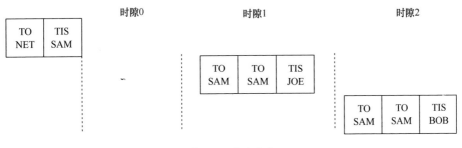

图 4.9　时隙响应

4.5.4　组呼协议

当链路期望连接到一组尚未预先编程的台站时，可以使用组呼。这带来了一些有趣的问题。

- 单个地址尚未被编程来指向这组台站，因此呼叫必须列出它们各自的地址。然而，如果扫描中的台站检测到一个呼叫，呼叫的地址不是该台站的自我地址之一，它将忽略该呼叫并返回到扫描状态，而不用等着看它的地址是否稍后出现在列表中。
- 我们需要按时隙响应，但等待时隙的时间尚未分配。
- 组呼协议通过以下方法解决了这些问题：
- 呼叫帧的扫描呼叫部分在 THRU 字（不是 TO 字）中携带了每一个被呼叫台站的地址的前三个字符。但是，当 ALE 字逻辑上不相同时，我们不能重复前导码，因此 THRU 前导码必须和 REP 前导码交替（图 4.7）。扫描中的台站在与输入的 ALE 传输同步时解码 THRU 或 REP 字，它被迫继续解码 ALE 字直至遇到自我地址的前三个字符或者看见地址的完整周期。
- 组呼的领先呼叫部分使用 TO 和 REP 字，并包括所有被呼叫台站的全部地址（被发送两次，如图 4.7 所示）。
- 响应时隙在进行过程中被计算：在领先呼叫部分命名的最后一个台站将在时隙 1 响应，前面的一个台站在时隙 2 响应，并按照领先呼叫部分中地址列表的相反顺序依此类推（在网络呼叫中，时隙 0 不用于响应）。

在网络呼叫中，呼叫台站将在最后一个响应时隙后发送确认信号。

4.5.5 其他一对多呼叫协议

ALE 系统对其他三个一对多呼叫协议进行了如下定义：

- 全体呼叫（Allcall）使用的地址形式是"@?@"。接收到全部呼叫的所有台站暂停并侦听，但不响应。如果除了"?"之外的某些字符被放置在两个"@"字符之间，该呼叫是选择性全呼。只有那些地址以两个"@"字符中间的那个字符结束的台站被呼叫，并且它们应该暂停并侦听。其他台站忽略该选择性全呼。
- 随意呼叫（Anycall）使用的地址形式是"@@?"。选择性随意呼叫使用的地址是两个"@"字符后不是"?"，而是其他字符，只有那些地址以该字符结束的台站被呼叫。其他台站忽略该选择性随意呼叫。
- 通配符呼叫是指除了 Allcall 或 Anycall 之外地址中包含"?"的任何呼叫。

随意呼叫和通配符呼叫使用时隙响应，但是响应台站不能为这些类型的呼叫计算时隙分配。相反，16 个时隙总是存在的，响应台站随机选择那些时隙中的一个来发送响应。未使用的时隙 0 紧跟在呼叫结尾的后面，并且响应时隙（编号 1～16）跟着时隙 0。像往常一样，在最后一个响应时隙之后发送确认信号。

4.5.6 定时

射频设备，天线耦合器等的时序特性影响协议的操作。ALE 协议给这些时间提供了可编程参数（见 MIL-STD-188-141 附录 A）。在对 ALE 网络编程时，将所有网络成员 ALE 系统中的这些参数设置为相同值是很重要的。

4.5.7 ALE 性能要求

定义 ALE 标准的目的是确保政府的短波无线电系统之间的互操作性，但是用户也希望最低的性能要求。这些可分为占用检测和链接概率两类。

4.5.7.1 占用检测要求

任何一个自动化通信系统可能与该媒介的其他用户发生干扰时，一个潜在问题就出现了。ALE 标准的所有早期实现在寻呼信道上发送信息前都先侦听，但是有些只检测到（并遵从）ALE 信号。其结果是，这些系统遭到了那些语音对话被 ALE 调制解调器中臭名昭著的颤音打断的用户们的蔑视。

当美国总统专机（空军一号）的无线电操作员抱怨这种干扰时，军事标准委员会迅速增加了 ALE 系统的要求，可靠地检测语音流量、ALE 和数据调制解调器的传输，并在已被占用的信道上推迟传输。这些要求列于表 4.4 中，并使用三种通信类型的标准录音测试这些要求。

表 4.4　占用检测的要求

波形	3kHz 中的 SNR/dB	驻留时间/s	检测概率/%
ALE	0	2	80
	6	2	99
SSB 语音	6	2	80
	9	2	99
单音 PSK 调制解调	0	2	80
	6	2	99

所有 ALE 系统都要求在发送呼叫前停留 2s 的时间进行侦听，还要求检测概率要达到表 4.4 中所列出的标准。误检测概率不能超过 1%。

4.5.7.2　链接概率要求

ALE 系统建立链路的能力在三种信道条件下进行测试，如表 4.5 所列。多径扩展选择了不寻常的规格以阻止任何的 ALE 频率归零（如果在标准沃特森信道模拟器中使用平时的 0.5ms 和 2.0ms 的设置，这种情况将发生）。

表 4.5　链路建立要求（3kHz 下的 SNR）

测试对象		AWGN 信道/dB	"良好"信道/dB	"不良"信道/dB
链接概率/%	不小于 25	−2.5	+0.5	+1.0
	不小于 50	−1.5	+2.5	+3.0
	不小于 85	−0.5	+5.5	+6.0
	不小于 95	0.0	+8.5	+11.0
多径/ms		0.0	0.52	2.2
多普勒扩散/Hz		0.0	0.10	1.0

4.5.8　联络线功能

使用 ALE 的 CMD 字，众多的控制和消息功能已经被定义。ALE 的 CMD 字在 ALE 帧的可选消息部分被发送。这些很少是强制性的，因此没有得到普遍实现。两个强制性功能如下。

● LQA 命令由单一的 CMD 字携带，允许台站互相报告在彼此传输时已

经测得的伪误码率、信噪比和多径效应。当链路不可逆时（一个方向
上的传播优于另一个方向），这可能是有用的。链路不可逆往往是因为
一些信道上存在本地干扰。

- 自动消息显示（AMD）提供了一个低开销的操作员对操作员的短信功
  能，使用 ALE 信令。接收到 AMD 消息的 ALE 系统要求将消息展示给
  操作员并将其存储供以后查看。AMD 消息被限制为 90 个字符，使用
  由大写字母、数字以及标点符号组成的字母表。

发送台站可能会在特别长的消息部分前面选择性插入它的地址。这种快速
ID 使用了 FROM 字（按照需要，和往常一样使用 DATA 字和 REP 字扩展）。

4.6　链路保护

作为使 ALE 系统免受干扰这一安全问题的解决方案，一项称为链路保护
（LP）的技术被开发出来，旨在挫败那些试图通过建立非法链路或者干扰合法
链路来和 ALE 系统进行非法交互的行为。注意，LP 并没有解决干扰或类似技
术问题，传输保密就是用来反驳的最好示例，它也不是为了取代流量保护的通
信安全功能。LP 保护了链路的功能，包括相关寻址和控制信息。

4.6.1　要求

链路保护选择的做法是，在采取行动之前进行 ALE 传输认证。加密技术
是有效的，因为它能提供强有力的身份认证。以下要求被批准通过用于指导链
路保护技术的设计。

- 对 ALE 协议透明。第一个要求是链路保护机制应该对 ALE 协议完全
  透明，使得它可以模块化被添加到任何一个实现 ALE 的系统中。这意
  味着在操作保护模式和操作不受保护模式下，频率、定时、冗余、交
  织、FEC 和协议必须是相同的。特别地，链路保护不能因为同步或类
  似的目的而要求任何额外比特的传输。
- 自同步。因为链路保护的主要需求在于否定对手建立非法链路的能
  力，所以在台站扫描时链路保护机制必须有效；这是链路正常建立的
  时候。因此，该机制必须自同步，使得传输开始后到达信道上的台站
  可以获得密码同步，并开始检查发送给它们的传输。
- 扫描停留时间的影响最低。未经授权的传输导致扫描接收机暂停的时
  间最好不超过一个信道携带欺骗性信号的正常时间。所以，扫描接收

机必须能够在字同步过程通常需要的时间内测量接收到的传输信号的真实性。

- 24bit 的分组操作。ALE 传输的基本单元是 24bit 的 ALE 字。因此链路保护机制需要将 24bit 的 ALE 字映射成可以立即传输的 24bit 的字。同样地，当接收到 24bit 的字时，链路保护机制需要能够立即对该字解密，而不需要接收更多的比特。这对字同步采集来说是必要的。

- 信道变化和时变。由相同明文生成的密文必须随着任何时刻信道的变化而变化，在相同的信道上还必须周期性地变化，以使受保护的台站最低限度地受磁带录音机攻击的影响。

- 适度的计算要求。链路保护方案的计算复杂度要求在 1990 应急收音机的功率和时序限制内可实现。

- 非保密的算法。链路保护的一些应用期望使用非保密的加密算法，以使得受保护的台站可以不需要高级通信保密装置所需的物理安全性。

4.6.2　链路保护技术

短波链路保护选择的技术是对使用了 24bit 分组算法的 ALE 字进行时间相关和频率相关的加密。因此，提供了接收机处的认证，因为只有网络成员能产生加密的 ALE 字，它在接收机处被正确解密。

一天中的时间（TOD）和工作频率通过一个种子被引入到加密过程中，该种子被链路保护算法以类似的方式应用到密钥中。标准的种子格式（图 4.10）包含以下字段：

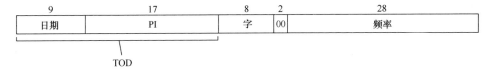

图 4.10　链路保护种子

- 日期：4bit 表示月份，5bit 表示该月中的一天。
- 保护间隔（PI）：11bit 表示自午夜后的分钟数，6bit 表示当前这一分钟的秒数。
- 字：该保护间隔期间加密的 ALE 字的数量。
- 频率：携带受保护的传输信号的标称频率，用 BCD 码表示。数字从几百兆赫兹到几百赫兹。

基于 TOD 密码学的一个重要考虑是，网络必须大致上和加密中使用的时间量化同步。例如，如果网络中的台站在 1s 内彼此同步，应该使用量化到 1s 的 TOD 进行加密。然后，当一个台站接收到受保护的传输，发送方的 TOD 在接收方的 TOD±1s 范围内。因此，接收机将需要使用下面的 TOD 值尝试解密传输：

- 接收机当前的 TOD 值；
- 接收机当前的 TOD 值+1s（发射机可能提前）；
- 接收机当前的 TOD 值−1s（发射机可能落后）；

如果在加密中使用的 TOD 量化是 100ms 时，接收机将需要从 TOD −1s 到 TOD+1s 每隔 100ms 尝试一个 TOD 值，共 21 个。

链路保护使用的时间量化称为保护间隔（PI）。种子中的 PI 字段包含当前时刻，以从午夜后的分和秒表示，它被网络中使用的保护间隔量化。例如，如果保护间隔为 2s，则 PI 的秒字段将总是偶数。

保护间隔总是至少持续一秒的时间，因此在每个保护间隔内多个 ALE 字会被加密。链路保护技术的安全性要求每个 ALE 字应该使用不同的种子；因此，在种子中有字数量字段，在一个保护间隔内对应每个后续字它是递增的。这个字段在每个保护间隔的开始复位为 0。

一旦接收机在传输中与链路保护过程同步，字数量的序列很容易遵循。然而，当接收机初次到达携带受保护的扫描呼叫的信道时，接收机应该假设发射机使用的字数量是什么呢？为了避免需要尝试大范围的字数量，在扫描呼叫期间使用了一项特殊的技术：发射机简单地在字 0 和字 1 之间交替。如果接收机成功地用字 0 解密一个接收到的 ALE 字，下一个字必须使用字 1 解密。

4.6.3　应用等级和算法

认识到用户可能希望他们的链路保护应用有成本、开销和安全性的不同组合，定义了一系列标准应用等级。在操作员的指示下，每一个等级能够和保护性较弱的等级互操作。表 4.6 定义了保护间隔的持续时间（同步要求）和每一个应用等级使用的加密算法的类型。

表 4.6　链路保护应用等级

应用等级	保护间隔时间/s	算法
0	（无链路保护）	—
1	60	LATTICE
2	2	LATTICE
3	2	Type Ⅱ
4	不大于 1	Type Ⅰ

注意，应用等级 0（通常缩写成 AL-0）是不受保护的 ALE。

特殊的 24bit 分组加密算法为了链路保护而开发出来。为了在 20 世纪 90 年代的微控制器中能高效地用软件实现，非保密的 LATTICE 算法被设计出来，最终获批出口。Type II 和 Type I 算法控制更为严格，用于特殊的硬件模块来实现。Type I 模块需要通信安全级别的物理安全性，所以很少使用。

4.6.4　时间同步

如果每个无线电台都能访问 GPS 时间，在网络中实现台站间的时间基准同步非常简单。然而，当卫星通信不能用于跨视距通信时，短波无线电作为备选方案，提供有效方法而不是借助全球定位系统来同步短波网络是必要的。一套用于链路保护的短波网络的时间交换协议由此开发出来（记住，未受保护的网络是异步的，不需要同步的时间基准）。

4.6.4.1　时间质量

时间不确定性窗口的概念在链路保护的时间分布中非常重要。它测量的是一个时间源中不确定性的量；例如，该时间基准可能已经偏离世界标准时（UTC）有多远。台站的时间不确定性窗口的大小由该时间基准最后被设置时的准确度和精度决定，也由一个随时间增长，增长速率取决于该时间基准的稳定性的术语决定。

例如，如果一个台站的链路保护时钟的定时不确定性设置为 ±10ms，它的时间不确定性窗口就设置为 20ms（总的时间不确定性）。如果它的振荡器稳定性为 ±10ppm，这个不确定性窗口将以每小时 72ms 的速率增长。

现在，假设这个台站在它的时钟最近一次设定 3h 后向另一个台站发送时间。时间不确定性窗口已经增长到 236ms，因此接收到时间的台站就需要在这个规模上开启它的时间不确定性窗口，再加上在时间传递中产生的额外的定时不确定性。应该在天波传播中添加 70ms 的不确定性，除非知道短波信道的传播延迟。如果目标台站的处理时间不确定性为 100ms，那个目标台站总的时间不确定性窗口将从 236+70+100=406（ms）开始。

在时间源处不是使用大量比特来报告时间不确定性窗口，而是用时间交换 CMD 将不确定性量化成 8 个等级的时间质量。每个时间质量等级对应的时间不确定性的上限，见表 4.7。

再看看我们的示例，时间源报告其时间为质量 3，接收台站在 500+70+100=670ms 开始其时间不确定性窗口。

表 4.7 时间质量

时间质量编码	时间不确定性窗口
0	无
1	20ms
2	100ms
3	500ms
4	2
5	10s
6	60s
7	无界

时间不确定性窗口的概念可以帮助计算台站必须多长时间重新同步时间基准，以使台站在所处网络的保护间隔时间内保持同步。继续看我们的例子，在空中接收到时间的台站在 670ms 开始其时间不确定性窗口。如果它的时间基准稳定性是±10ppm，在它需要发出一次更新请求来维持 AL-2 同步之前它能坚持多久？AL-2 的时间不确定性最长为 2000ms，因此我们的台站必须在（2000−670）/72=18h 后请求更新。

4.6.4.2 时间服务协议

MIL-STD-188-141 附录 B 中提出了一系列的时间传递协议，涵盖以下几种情况：

- 当时间服务器和时间请求者都在他们所处网络使用的保护间隔内同步时，一次受保护的时间交换握手可用于安全地传送时间，依靠由链路保护算法提供的加密保护。
- 未同步的台站不能使用受保护的握手，但是可以发送一个未受保护的请求来传送时间。该请求包括一个随机数，用来帮助验证响应。时间服务器用正确的时间、时间质量和一个认证字来响应未受保护的请求。该认证字是通过使用网络密钥和所报告的时间对随机数加密而产生的。如果请求者证实了这个认证字，该时间响应可能是真实的。
- 受保护的和未受保护的（但身份已验证）时间广播也已经定义。

4.6.4.3 时间迭代协议

测量短波信道的传播延迟是有可能的，因此可以从时间传送过程中删除时间不确定性这一元素。这通过交换包含了测量时间戳和报告时间戳之间的差异的增量时间报告来实现。通过这些，台站获得各自的本地时间之间的偏移样本和剩余的随机性。迭代继续进行，直到所得到的时间不确定性减小到一个可接受的窗口。该协议尚未被标准化。

参 考 文 献

[1] Teters, L. R., J. L. Lloyd, G. W. Haydon, and D. L. Lucas, "Estimating the Performance of Telecommunication Systems Using the Ionospheric Transmission Channel—Ionospheric Communications Analysis and Prediction Program User's Manual," *Report NTIA 83-127, National Telecommunication and Information Administration*, Boulder, CO, 1983.

[2] Reagan, R., National Security Decision Directive Number 97, "National Security Telecommunications Policy," The White House, Washington, DC, June 13, 1983.

[3] Harrison, G., "Functional Analysis of Link Establishment in Automated HF Systems," *Working Paper 86W00015*, MITRE Corporation, McLean, VA, December 1985.

[4] Federal Standard 1045, *Telecommunications: HF Radio Automatic Link Establishment*, General Services Administration, January 24, 1990.

[5] MIL-STD-188-141A, *Interoperability and Performance Standards for Medium and High Frequency Radio*, September 15, 1988. (This version has been superseded by MIL-STD-188-141C, dated 25 July 2011.)

[6] Johnson, E. E., "An Efficient Golay Codec for MIL-STD-188-141A and FED-STD-1045," *Technical Report NMSU-ECE-91-001*, NMSU, February 1991.

[7] Johnson, E. E., "Addition of a 49th Bit to the MITRE HF ALE Waveform," *Technical Report PRC-EEJ-88-002*, NMSU, March 1988.

[8] Johnson, E. E., "A 24-Bit Encryption Algorithm for Linking Protection," Technical Report NMSU-ECE-89-027 (Restricted Distribution), 1989. (Also available as "USAISEC Technical Report ASQB-OSO-S-TR-92-04.")

[9] Johnson, E. E, "Time Iteration Protocol for TOD Clock Synchronization," NMSU, 1992.

第5章 第三代短波通信技术

20 世纪 90 年代中期，标准的 ALE 系统已经取得显著成功，该系统首先在美国取得成功，然后扩展至全球范围。20 世纪 80 年代开发 ALE 系统时，美国政府机构很少使用短波无线电做除了跨视距通信的备选方案和应急通信之外的事情。因此，该标准在使用频谱时强调互操作性，而不是效率。然而，ALE 系统使短波无线电更易于使用，因此其使用自然地迅速增长。全球可用的短波频率数量非常有限，人们开始担忧频率使用日益拥堵这一情况。ALE 系统的一些特征加剧了这种拥堵。

- ALE 系统的异步模式运作需要一个漫长的扫描呼叫，以确保扫描台站能接收到呼叫。扫描呼叫的长度随着被扫描的频率数量的增加而增加。
- 自动信道选择要求所有可能被叫台站必须在每个信道上发送探测信号，每个探测信号的长度与被扫描的信道数量成正比。
- 随着网络中流量增加，需要更多的信道容纳流量。由此我们发现，信道拥堵和发射机的开销利用率两者以网络流量的二次方增长。这有效地界定了通信流量水平和 20 世纪 80 年代 ALE 系统可以容纳的台站数量。

ALE 系统还存在以下缺点。

- 完成一个 ALE 呼叫所需的时间为 10~20s，这对一些用户来说似乎太多了（尽管它和通过电话网络发出一个国际直拨呼叫的时间是相当的）。
- ALE 系统的设计主要是为了支持语音业务，但用短波无线电来进行数据传输变得越来越重要。数据是通过 PSK 波形发送，因此一些系统架构师反对使用 ALE FSK 调制解调器来选择信道，担心适用于 PSK 波形的信道可能被基于 FSK 的测量方法拒绝（可能是因为数据调制解调器比 8-FSK ALE 调制解调器能在更低的 SNR 条件下运作）。
- 20 世纪 90 年代的 DSP 技术比 20 世纪 80 年代可用的 DSP 技术先进得多。使用 Walsh 编码的健壮波形可以在比 ALE 系统建立链路大约低 10dB 的 SNR 条件下进行通信。尽管这种链路对语音业务并非特别有用，但是它们肯定可以携带消息和小容量的数据。

因此，很明显我们需要新一代的 ALE 技术。应国防部的要求，工业界和学术界的工程师们开始共同努力，再次寻求将获得的最好的想法汇集成一个新的标准。为了避免新技术发展初期短波无线电界的一些混淆情况，采用了以下术语。

- 行业自主研发的初始 ALE 技术被称为第一代 ALE。
- MIL-STD-188-141A 和 FED-STD-1045 中被标准化、可互操作的系统，称为第二代 ALE 或 2G ALE。
- 新项目将产生一个标准，称为第三代 ALE 或 3G ALE。

3G 短波技术项目的目标是创造出一种技术，它能在更低的 SNR 下更快速建链，更有效地使用频谱以使得它可以支持更多的台站和更重的流量负荷，链路建立和通信流量使用类似的调制解调器波形，并能有效地支持互联网应用。

从定量上看，与 2G 技术相比，3G 技术在三个方面上获得数量级的改进：建立一个链路所需的 SNR 降低 10dB，在一个网络中容纳的台站数量是 2G 网络的 10 倍，并且在网络频谱分配相同时数据通信的吞吐量提高 10 倍。

本章将展示 3G 短波技术的最终套件，以及对其性能的测量和分析。完整的 3G 技术规范可能能在北约 STANAG 4538 中找到。

5.1　第三代短波技术套件简介

开发新一代短波无线电技术这一项目为开发者们提供了一个崭新的开始。作为结果，上一代通信系统中以特设方式分别演变的各种功能，现在可以设计成一个集成套件的各个部件。图 5.1 在协议栈的背景下描绘了这些集成的技术成员。

3G 短波系统给应用提供集成的通信服务，应用范围从模拟和数字语音到电路和分组数据。短波服务的用户和短波系统之间的接口是一个子网接口，概念上类似于 STANAG 5066。

会话管理器协调 3G 短波系统的各个组件来提供所要求的服务。它概念性地提供了调度服务，在来自高层协议的服务请求之间进行仲裁。排队算法可能涉及了优先级、生存期和应对网络拥堵和服务公平性的任意退避算法。虽然此功能是 3G 短波系统有效性的一个关键因素，但是通信中的短波台站的会话管理器不直接相互通信；因此，它们的规范被认为并不影响互操作性，所以会话管理功能没有被标准化。

标准化的 3G 协议和波形如图 5.1 中灰色框包围部分所示。

- 连接管理功能根据所请求的通信服务的需要建立、维护和断开短波链路。这里包含了新的、更高效的 3G ALE（也称为链路建立或 LSU），以及一个新的 ALM 功能。

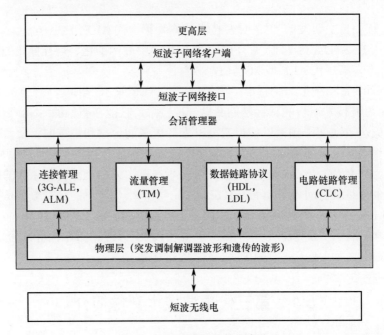

图 5.1　3G 短波系统技术套件

- 流量管理（TM）协调通信流量，并决定在链路建立后将在该链路上使用可用通信协议中的哪个。在某些情况下，TM 可在链路建立过程中完成。
- 3G 技术套件中引进了一套新的面向分组的数据链路协议：高吞吐量的数据链路（HDL）和低延迟的数据链路（LDL）。
- 对于面向电路的应用（模拟的和数字的），电路链路管理功能在链路建立后用来协调在电路模式下的链路使用。
- PSK 突发波形家族支持这些功能。对于短波天波信道的挑战，该波形家族的鲁棒性可以在很宽的范围内扩展。

3G 套件被设计成能和旧的 ALE 和数据调制解调器使用相同的短波无线电技术进行操作[①]。

---

① 与上一代短波无线电技术一样，无线电、天线耦合器等的时序特性会影响协议的运行。为适应这种情况，提供了可编程的时间参数，该时间参数必须在整个网络中设置为同一值，以确保互操作性。

5.2　突发波形

3G 短波系统提供的很多服务都需要相对短的传输。

- 信道探测；
- 链路建立，链路保持，流量协议的协商，以及网络的时间同步；
- 确认数据的接收。

用突发波形来传输这种短消息是非常高效且稳健的，并在 3G 系统中广泛使用。为了使规范简单，标准把用于数据传输的、持续时间更长和更多样化的波形（BW2 和 BW3）也当作突发波形。

各种 3G 协议对噪声、衰落和多径存在时的有效载荷、持续时间、时间同步，以及采集和解调性能有不同要求，本节讨论用于满足这些不同要求的突发波形。我们先从可扩展的突发波形结构的概述开始，随后详细描述 3G 协议所使用的具体突发波形。文献[2]进一步探讨了这种可扩展的突发波形家族。

5.2.1　突发波形的通用结构

通用突发波形包括三个不同的部分：发送电平控制（TCL）部分、获取前导码部分和数据部分。每一部分由一个 PN 序列扩频的 8 进制 PSK 波形的多个帧构成。每个帧包括 32 个、64 个或 96 个 8 进制 PSK 符号，这些符号的产生速率是每秒 2400 个符号。滤波后，PSK 帧正交调制一个 1800 Hz 的载波，来提供一个类似噪声的、带宽为 3kHz 的发送信号。

5.2.1.1　TLC 部分

现有的短波电台设计时一般都不会考虑到突发波形。例如，MIL-STD-188-141 军用电台键控后允许花 25ms 达到满发射功率。当发射机射频阶段正在加速时，输入的音频信号电平由 TCL 环路调整，以使其能完全调制该发射功率。在接收机处，自动增益控制（AGC）环路必须也调整适应一个新的接收信号。为了适应现有电台的这些特性，3G 突发波形以 "一次性"的 8 进制 PSK 符号的 TCL 部分开头，这些符号在发射机和接收机的电平控制环路稳定时通过系统。

5.2.1.2　前导码部分

3G 突发波形的前导码由若干 96 个 8 进制 PSK 符号（40ms）的帧组成。前导码的长度随着 3G 突发波形的变化而变化，以平衡各种应用的速度和采集鲁棒性要求。一般情况下，较长的前导码能提供更优的性能，尤其是在衰落条件下，较短的前导码在衰落条件下可能会丢失。但性能变优以发射持续时间和接收处理时间增加为代价。

5.2.1.3　数据部分

3G 突发波形的数据部分结构由所选的纠错编码方案、编码数据比特的交织和调制技术决定。

1. 纠错编码

在对卷积码、BCH 码和 Hadamard 码进行研究之后，软判决 Viterbi 解码的卷积编码方案被选中，因为它的性能更优越，能够扩展到所需有效载荷数据比特的确切数量。当许多比特的连续数据流将被发送时（如第 3 章的调制解调器），卷积编码技术已经成为短波应用的常见选择。然而，对于一个脉冲序列中非常短的有效载荷（少至 26 位），卷积码的直接应用可能效率低下。卷积速度 $1/n$、约束长度为 K 的卷积编码器通常由最后一个用户比特之后的 $K-1$ 个已知比特（通常是零）的编码刷新。当用户比特的数量少时，这些已知的尾比特可以代表空中能量显著的一部分。例如，26bit 的有效载荷采用一个速率为 $1/2$，$K = 7$ 的卷积编码方案，将 6/32 或接近 20% 的能量用于发送这些尾比特。为了减少这方面的开销，一个简单的咬尾技术在许多 3G 突发波形中实施：编码器的状态存储器被用户的最后 $K-1$ 个有效负载比特初始化，而不是 $K-1$ 个接收机已知的比特。

2. 交织

使用矩形分组交织器对数据部分的编码比特交织。[①]对于每个突发波形，已编码的有效载荷比特的数量用于选择"最方形"数组的维度，该数组包含对应数量的比特。比特被写入交织器的行方向，从交织器的列方向读出后传输，在接收机处的过程与此相反。即使在 3G 突发波形相对短的持续时间内，该交织有利于分散突发脉冲错误，允许接收机更有效地纠错。

3. 调制

第 3 章描述的窄带数据波形采用了基于 Walsh 函数的正交波形以使应用最稳健，同时采用了均衡的 PSK 或 QAM 调制以获取更高的数据速率。同样地，大多数 3G 突发波形考虑到鲁棒性使用了 Walsh 编码。均衡的 PSK 波形仅用于发送结合高吞吐量数据链路协议的数据分组。

5.2.1.4　3G 突发波形特点

表 5.1 总结了 3G 突发波形的特点及其用途。下面的章节会更详细地描述这些突发波形。5.3 节~5.6 节将介绍使用这些突发波形来携带其 PDU 的一些协议。

---

① BW3 是一个例外：它使用一个交织器结构，其中（通常）行和列的索引在交织器的连续插入之间都被更改。标准将这称为卷积块交织器结构。

表 5.1　突发波形的特性

波形	用途	突发持续时间[①]	有效载荷	前导码	FEC 编码	交织	数据格式	有效编码速率[②]
BW0	健壮的 LSU PDU	613.33ms 1472 个 PSK 符号	26bit	160ms 384 个 PSK 符号	1/2 速率，$K=7$ 的卷积码（无冲洗比特）	4×13 分组	十六进制 Walsh 函数	1/96
BW1	业务管理 PDU HDL ACK PDU	1.30667 s 3136 个 PSK 符号	48bit	240ms 576 个 PSK 符号	1/3 速率，$K=9$ 的卷积码（无冲洗比特）	16×9 分组	十六进制 Walsh 函数	1/144
BW2	HDL 业务数据 PDU	126.67+ (n×400) ms 304+（n×960) 个 PSK 符号，n=3, 6, 12, 24	n×1881 bit	26.67ms 64 个 PSK 符号（用于均衡训练）	1/4 速率，$K=8$ 的卷积码（7 个冲洗比特）		32 个未知/16 个已知符号	可变：1/1, 1/2, 1/3, 1/4, …
BW3	LDL 业务数据 PDU	373.33+ (n×13.33) ms	8n+25bit	266.7ms 640 个 PSK 符号	1/2 速率，$K=7$ 的卷积码（7 个冲洗比特[③]）	卷积分组	十六进制 Walsh 函数	可变：1/12, 1/24, …
BW4	LDL 确认 PDU	640.00ms	2bit				四进制 Walsh 函数	1/1920
BW5	快速 LSU PDU	1.01333s 2432 个 PSK 符号	50bit	240.00ms	1/2 速率，$K=7$ 的卷积码（无冲洗比特）	10×10 分组	十六进制 Walsh 函数	1/96

① 所有传输均以 TLC/AGC 保护序列（BW3 前导码的一部分）开始。这些符号包含在指出的突发持续时间内。

② 相对于未编码 8-PSK，仅仅反映 FEC 和 Walsh 函数编码；不包括已知数据和卷积编码器冲洗比特。

③ 在此种情况，冲洗比特的数量比冲洗卷积编码器所需的最小数量多 1；这使得编码比特的数量是 4 的倍数，恰如 Walsh 函数调制格式所要求的那样。

5.2.2 突发波形 0（BW0）

短时、稳健的突发波形 0（BW0）脉冲被稳健的链路建立（RLSU）协议使用（见 5.3.5 节），体现了 3G 突发波形家族大部分的哲学思路。脉冲以 256 个"一次性"符号开始（图 5.2），当发送电平控制和接收机 AGC 运作时这 256 个符号被发送。随后是含有 384 个已知数据的 PSK 符号的前导码。该采集前导码给接收机提供了一个检测波形存在和估计用于解调数据的各种参数的机会。脉冲的剩余部分携带 26 个协议比特的有效载荷。

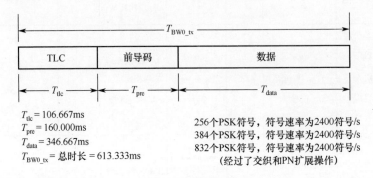

$T_{tlc} = 106.667\text{ms}$
$T_{pre} = 160.000\text{ms}$
$T_{data} = 346.667\text{ms}$
$T_{BW0\_tx} = 总时长 = 613.333\text{ms}$

256个PSK符号，符号速率为2400符号/s
384个PSK符号，符号速率为2400符号/s
832个PSK符号，符号速率为2400符号/s
（经过了交织和PN扩展操作）

图 5.2　BW0 结构

26 个协议比特使用 $r=1/2$，$K=7$ 的咬尾卷积编码器进行编码（图 5.3）。然后，52 个编码比特使用 4×13 分组交织器进行交织。从交织器中一次读取 4bit，这 4bit 用来选择 16 个正交 Walsh 函数（表 5.2）中的一个，该函数在脉冲波形的数据部分被发送。表 5.2 中的每个 16 个符号的序列被发送 4 次，使得每 2bit 的有效载荷对应广播的 64 个符号序列。传输中，Walsh 序列与伪噪声（PN）序列执行模 8 加法。

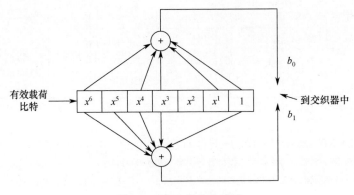

图 5.3　BW0 卷积编码器

表 5.2　编码比特到 3bit 序列的 Walsh 调制

编码比特	3bit 序列
0000	0000 0000 0000 0000
0001	0404 0404 0404 0404
0010	0044 0044 0044 0044
0011	0440 0440 0440 0440
0100	0000 4444 0000 4444
0101	0404 4040 0404 4040
0110	0044 4400 0044 4400
0111	0440 4004 0440 4004
1000	0000 0000 4444 4444
1001	0404 0404 4040 4040
1010	0044 0044 4400 4400
1011	0440 0440 4004 4004
1100	0000 4444 4444 0000
1101	0404 4040 4040 0404
1110	0044 4400 4400 0044
1111	0440 4004 4004 0440

注意到每个广播的 8-PSK 符号可以携带 3bit 的信息，由此可以感知到这个过程的鲁棒性；我们有效地使用了信道 96bit 的信息容量来传达有效载荷的每个比特。这一计算反映在表 5.1 中的"有效码率"一列。

5.2.3　突发波形 1（BW1）

突发波形 1（BW1）是许多 3G 协议用来携带短消息的通用工具，例如，流量管理、链路保持和 HDL 协议的数据确认。

BW1 脉冲（图 5.4）是 BW0 一个更长、更健壮的版本。更长的前导码（240ms）提供改进了的获取性能。48bit 的有效载荷在单个脉冲中携带更多的信息，同时也需要更大的交织器，以便 BW1 有额外的时间分集并增加对衰落的鲁棒性；$r=1/3$，$K=9$ 的卷积编码器（图 5.5）提供了更好的抗噪声性能。16

进制的 Walsh 序列被重复 4 次（与 BW0 相同）。

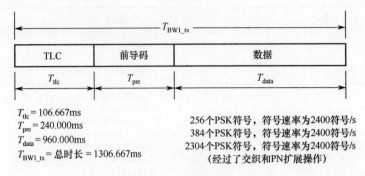

图 5.4 BW1 结构

$T_{\text{tlc}} = 106.667\text{ms}$
$T_{\text{pre}} = 240.000\text{ms}$
$T_{\text{data}} = 960.000\text{ms}$
$T_{\text{BW1_tx}} = $ 总时长 $= 1306.667\text{ms}$

256个PSK符号，符号速率为2400符号/s
384个PSK符号，符号速率为2400符号/s
2304个PSK符号，符号速率为2400符号/s
（经过了交织和PN扩展操作）

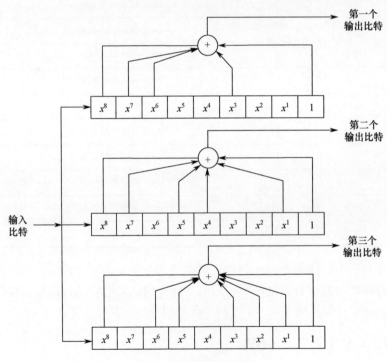

图 5.5 BW1 卷积编码器

5.2.4 突发波形 2（BW2）

突发波形 2（BW2）与其他 3G 突发波形有本质的不同。HDL 协议用它来携带用户数据，更注重速度而非鲁棒性。BW2 跟在 100ms 的 TCL 部分和短时（26.67ms）、PN 扩频前导码后面，包含协定数量 NumPKT 的固定大小的数据分组（图 5.6）。NumPKT 是 3、6、12 或 24 中的一个，HDL 协议开始前协商好它的值，并保持不变直到数据传输结束。BW2 突发波形的数据部分使用的调制是类似于第 3 章所描述的 4800b/s 的均衡波形，而不是其他所有突发波形使用的正交 Walsh 序列。每个数据分组包括 20 个帧，每一个帧都由已编码的有效载荷数据的 32 个 8-PSK 符号和随后的探测数据的 16 个已知符号组成。BW2 中不使用咬尾；每个数据分组包含了一起通过卷积编码器的 1913 个有效负载比特，再加上 7 个刷新比特。

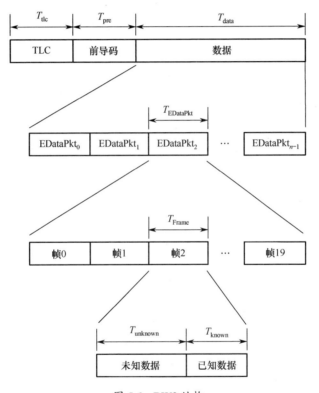

图 5.6　BW2 结构

使用 BW2 突发波形的 3G 数据链路协议 HDL，是一种 II 型混合 ARQ 协议，其中数据最初以 $r = 1$ 的 FEC 编码率发送。也就是说，一个分组初始传输中发送的比特数等于该分组的有效载荷的比特数。如果接收机不能成功地解码该分组（CRC 失败指示），就请求重传；每次重传携带额外的 FEC 比特，因此冗余仅在需要时添加。

BW2 的 FEC 是 $r=1/4$，$K=8$ 的卷积码（图 5.7）。一个分组的初始传输由如图 5.7 所示的 $Bitout_0$ 序列构成；重传旋转地携带其余三个 Bitout 序列。同一分组的第五次传输会重复 $Bitout_0$ 序列，除非每次传输时 3bit 的符号被转动（$M_2M_1M_0$ 变为 $M_0M_2M_1$）的次数都不同。软判定码组合用于 BW2 数据分组解码，5.5.3 节的 HDL 部分将进行相关描述。

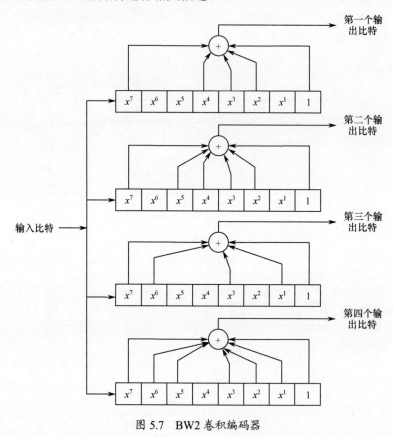

图 5.7　BW2 卷积编码器

5.2.5　突发波形 3（BW3）

突发波形 3（BW3）是 LDL 协议中用于携带数据分组的稳健脉冲。每个突发脉冲以组合的 TLC 和前导码开始（图 5.8），接着是单个数据分组。该数据分组的长度在 LDL 协议开始之前就协商好，然后保持不变直至数据传输结束。BW3 数据部分的长度可以是从 32～512B 中任意一个 32B 的倍数。

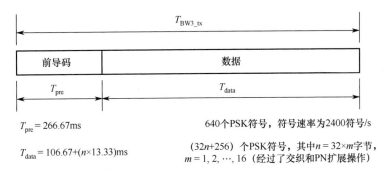

$T_{pre} = 266.67ms$ 　　　　　　　640个PSK符号，符号速率为2400符号/s

$T_{data} = 106.67+(n\times13.33)ms$ 　　　(32n+256) 个PSK符号，其中n = 32×m字节，
　　　　　　　　　　　　　　　　　m = 1, 2, …, 16（经过了交织和PN扩展操作）

$T_{BW3\_tx} = 373.33+(n\times13.33)ms$ （范围为0.8～7.2s）

图 5.8　BW3 结构

BW3 使用和 BW0 相同速率的卷积 FEC 即 $r=1/2$，$K=7$，但没有咬尾；7 个刷新比特被附加到每个编码的有效负载比特序列[①]。与 HDL 类似，LDL 也是 II 型混合 ARQ 协议。分组的第一次传输中，$Bitout_0$ 序列进行交织，Walsh 编码，PN 扩频，并通过广播发送。如果需要重传的话，重传在 $Bitout_1$ 和 $Bitout_0$ 之间交替。不像其他 Walsh 编码的 3G 突发波形，在 BW3 数据脉冲中的每个 16 符号 Walsh 序列只被发送 1 次（不是 4 次）。

5.2.6　突发波形 4（BW4）

突发波形 4（BW4）是 LDL 协议中用于携带确认消息分组的一个非常稳健的脉冲。BW4 的有效载荷只有 2bit：一个 ACK ／ NAK 比特和一个 EOM 标志。与往常一样，每个突发波形始于 TLC 部分，但没有前导码被发送（图 5.9）。相

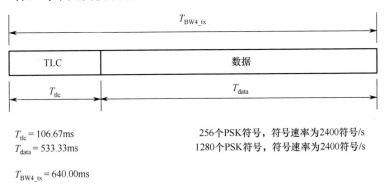

$T_{tlc} = 106.67ms$ 　　　　　　　256个PSK符号，符号速率为2400符号/s
$T_{data} = 533.33ms$ 　　　　　　　1280个PSK符号，符号速率为2400符号/s

$T_{BW4\_tx} = 640.00ms$

图 5.9　BW4 结构

---

① 因为 BW3 使用了 $K=7$ 的卷积码，所以只需要 6bit 就可以刷新编码器。添加第 7 个刷新比特纯粹是为了方便（使每个 BW3 传输的编码比特数为 4 的倍数），这样每组 4bit 就可以映射到正交 Walsh 符号。

反，这两个有效载荷比特直接（没有 FEC 或交织）被用来选择 4 个 16 符号正交 Walsh 序列中的一个。选定的 Walsh 序列随后经 PN 扩频被发送 80 次。

5.2.7 突发波形 5（BW5)

突发波形 5（BW5）被快速链路建立（FLSU）和快速流量管理（FTM）协议使用，它是 BW0 稳健的链路建立（RLSU）突发波形的扩展版本（图 5.10）。BW5 和 BW0 使用相同的 TLC、FEC、Walsh 编码和 PN 扩展。较长的前导码和 50bit 的有效载荷（交织跨度增加）使得 BW5 比 BW0 更加稳健。

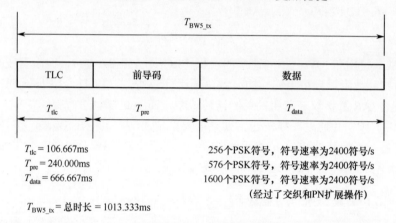

图 5.10　BW5 结构

5.3　第三代自动链路建立

本节将要讨论的第一个 3G 协议是自动链路建立（ALE）。3G ALE 旨在快速、有效地建立一对一和一对多（广播和多播两者）的链路。与 2G ALE 相比，3G ALE 的自动建链更快速更有效，能更稳健地应对短波信道的挑战。这是几个关键的进展带来的结果。

- 3G ALE 的突发波形（BW0 和 BW5）比 2G ALE 的 8 进制 FSK 波形的稳健性约提高了 10dB。
- 3G ALE 正常以同步模式运行，这消除了异步 2G ALE 系统所要求的长扫描呼叫的需要。
- 3G 地址是固定尺寸的，并且大约是最短的 2G 地址长度的 1/2。这导致了更短的呼叫 PDU，因此呼叫更快。
- 集群的概念被引入，其中用于建立链路的信道可以和用于流量通信的信道分离。这可以提高整个网络的效率。
- 链路建立（LSU）协议使用各种防冲突机制来降低由于冲突引起的呼叫失败率。

3G ALE 包括两个不同的 LSU 协议：快速链路建立（FLSU）和稳健的链路建立（RLSU）。FLSU 对小型网络中建立链路的速度进行了优化，而 RLSU 是为了在大型网络中和高流量负载下保持良好性能而设计。这些协议不能互操作，在 3G 短波网络中只能使用一个。

本节从 3G ALE 中这两种协议的共性开始讨论，然后再分别讨论 FLSU 和 RLSU。

5.3.1　同步操作

在前几代 ALE 系统中，所有可用的 3G 短波接收机连续扫描指定的呼叫信道列表，侦听 2G 或 3G 呼叫[①]。然而，主叫台站不会做出目的台站什么时候将侦听任意特定信道的假设，从这个意义上来说，2G ALE 是异步系统。3G 短波系统包括一个类似的异步模式；然而，同步操作是 3G 网络的优选方式，因为它通常会提供更快的连接速度[②]和更高的频谱使用效率。

同步模式时，3G ALE 网络中所有扫描的接收机在同一时间改变频率，为的是在一个相对较小的时间不确定性内（图 5.11）。网络中每个台站的当前驻留信道总是可以通过一天中的时间和期望台站的地址来计算。因此，同步的 3G 呼叫不需要扩展的 2G ALE 扫描呼叫来捕获扫描接收机；相反，在已知的驻留信道上非常短的呼叫就足以捕获未在其他信道连接的接收机。

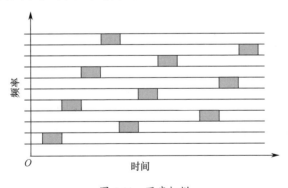

图 5.11　同步扫描

---

① 所有 3G 系统都必须识别 2G 呼入，并使用 2G 协议进行响应（除非明确禁止响应）。这确保了反向互操作性。

② 如果可用信道进行同步操作的时间长于异步呼叫的持续时间（异地呼叫可以在所需信道上立即开始），那么同步操作中的网络将花费更长的时间建立链接。

注意，所有台站在同一时间监测同一呼叫信道是没有必要的。通过分配网络成员各个组在每个扫描驻留时间监测不同的信道（图 5.12），指向不同的成员台站同时发出的呼叫将分布在不同的时间或频率，这大大降低了 3G ALE 呼叫间冲突的可能性。在高流量条件下，这一点尤为重要。在同一时间监测相同信道的一组台站被称为驻留组。

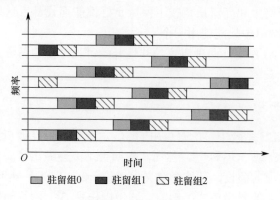

图 5.12   多个驻留组

当然，在一些应用中网络中所有台站在相同的驻留组是有价值的，以便它们可以互相监听呼叫。由此它们可以跟踪其他台站何时建立链路以及何时无法进行呼叫。

同步扫描允许快速完成呼叫，因为扫描呼叫不是必需的。然而，当一个链路需要使用一个特定频率（只要那个频率在传播），异步系统可能连接更快。这是因为同步系统必须等待被呼叫的接收机直到它驻留在所期望的频率，平均来说这需要等待半个扫描周期的时间。

5.3.2   3G 频率管理

3G ALE 的 ACS 功能用于选择呼叫信道和业务信道。一个周密的 ACS 功能会了解频率池中每个信道的各种属性，例如，IONCAP 预测的 SNR、近期的探测信息、近期的占用信息和直至信道下一次被扫描的延时。

3G 网络可以使用单一频率池来进行呼叫和业务通信操作（与前几代短波 ALE 一样）。但是，具有大频率池的大型网络通过分离用于呼叫的信道和用于业务的信道可以更有效地利用频谱。

呼叫信道以非调度方式用于和其他台站联系。理想情况下，呼叫信道永远空闲，因此可供需要建立链路的任何台站立即使用。然而，在链路上各方已经接触之后业务信道被接入，可以通过管理来达到非常高的利用率。

因此，通信流量很大和有大量可用信道的大型 3G 网络在这样的集群模式下（具有各自的呼叫和业务信道）通常能更有效地运作。另一方面，小型网络或轻负载网络可能放弃集群运行的复杂性，呼叫和业务通信都采用一个小的频率池，如同前几代 ALE 那样。

5.3.3　3G ALE 寻址

图 5.1 中子网层的一个功能是将上层地址（如 IP 地址）转换为本地子网中使用的寻址方案。3G ALE 的 PDU 使用的地址是 10bit 的二进制数字。相较而言，即便是 2G ALE 使用的最短的 3 字符地址都提供超过 15bit 的命名空间。虽然 3G 的命名空间比 2G ALE 可用的命名空间小得多，但 3G 网络中仍然可能有多达 1000 个台站，甚至连美国国防部都同意这足以满足他们最大预期的短波网络。注意，虽然 2G ALE 用作台站地址的用户友好型 ASCII 呼叫标记仍然可以在 3G 网络中使用，但是他们现在必须通过设备和空中使用的小的二进制 3G 地址互相转换。

在 NATO，短波台站寻址使用的是 13bit 的网络号和该网络内的 10bit 的地址。后者被称为点/多点地址，因为它指的是单个台站或者共享单个地址的台站合集。3G ALE 的 PDU 自然能适应 NATO 寻址结构的 10bit 点/多点地址。13bit 的网络号使用如下，以确保避免跨网络寻址歧义。

- 被叫台站（或台站合集）的网络号被应用到 3G ALE 的 PDU 中的 LP 所使用，如图 5.13 所示。它被复制以匹配网络使用的链路保护加密密钥的长度，然后与那个密钥进行异或，所得结果用作 LP 算法的密钥。

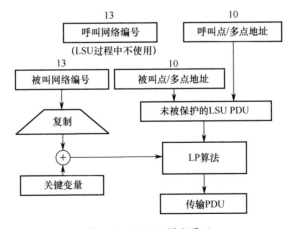

图 5.13　NATO 模式寻址

接收到该受保护的 PDU 的台站将尝试使用其本地网络号进行解密。如果网络号与被叫台站的网络号不同，解密失败，并且接收机将忽略这个 PDU。该方案因而确保了网络号用来禁止连接到非预期网络的效果如同网络号的比特数被显式发送一样有效。

- 链路建立过程中不使用主叫台站的网络号。相同的方案不能用来将主叫网络号与空中发送的 PDU 混合，因为被叫台站无法预知哪个网络会呼叫它们。因此，对呼叫者的必要认证被推迟到链路建立之后。

5.3.4 快速链路建立

FLSU 协议以及与其密切相关的 FTM 协议，有时也统称为 FLSU。FLSU 建立链路时，同时也传达了流量类型，链路建立完成后这一信息将被立即使用。因此，FLSU 完成了链路建立和初始流量管理的协商。在完成一次数据传输后最常用 FTM 来建立下一次传输（包括当客户端正在两个方向上交换数据分组时反转链路的流量方向）。

快速链路建立提供了一系列功能，包括：

- 点对点（PTP）链路建立，类似于 2G ALE 个体呼叫。
- 点对多点（PTM）链路建立，类似于 2G ALE 网络呼叫。
- 链路终端，类似于 2G ALE TWAS 字的使用。
- 时间分布，类似于 2G ALE 能力，但是需要增加精度以支持无外部时间源如 GPS 的情况下的同步操作。在同步操作中，每个 FLSU 台站 TOD 的不确定性不得超过 184.16667ms。

FLSU 的基本交换是一个双向握手[①]。在图 5.14 PTP 链路建立的例子中，主叫台站发送一个请求 PDU，被叫台站用确认 PDU 响应该请求。该图还显示了 FLSU 的一些关键定时参数，包括 1.35s 的驻留时间。在对 FLSU PDU 进行描述之后，将更详细地阐述 FLSU 的性能。

5.3.4.1 FLSU 协议数据单元

FLSU 和 FTM 使用的 PDU 由一个 50bit 的 BW5 突发波形携带。这两种协议的 PDU 由协议字段中的前 3bit 进行区分：001 为 FLSU PDU，100 为 FTM PDU（图 5.15）。

---

① 相比之下，2G ALE 包含第三次传输来完成握手。这是为了向被叫台站确认链路是激活的。在 3G ALE 中，主叫台站的流量（或流量管理协议）启动时进行该确认操作，因此 LSU 协议中只需要双向握手。特别是在 FLSU 中，主叫台站无法接收到无错误响应的 PDU，就会发送一个非常强健的链路终止 PDU。链路终端 PDU 的健壮性使得被叫台站能够非常可靠地接收已发送的链路。因此，如果被叫台站没有收到链路终止 PDU，这很可能表明链路已经成功建立。

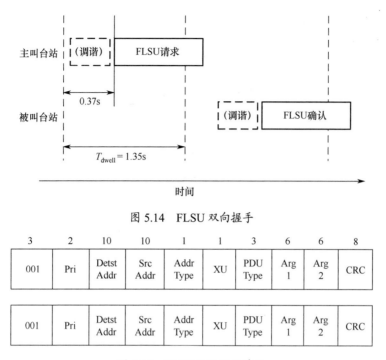

图 5.14　FLSU 双向握手

3	2	10	10	1	1	3	6	6	8
001	Pri	Detst Addr	Src Addr	Addr Type	XU	PDU Type	Arg 1	Arg 2	CRC

| 001 | Pri | Detst Addr | Src Addr | Addr Type | XU | PDU Type | Arg 1 | Arg 2 | CRC |

图 5.15　FLSU 协议数据单元

1. 优先权

在所有的请求（REQ）和一些确认（CONF）的 PDU 中（Type=REQUEST 或 CONFIRM 的 FTM 或 FLSU 的 PDU），接下来的两个比特表示在链路建立时链路将要携带的流量的优先级；0 表示最高优先级，3 表示最低优先级。FLSU 退避算法中也使用了流量优先级，如第 5.3.4.2 节中有相关描述。在 CONF 的 PDU 中，只有当参数字段值指向高速率（HDL_n）或 LDL（LDL_n）业务类型中的一种时才使用这一字段，如表 5.5 所列。在 TOD_Response 的 PDU 中（Type= 5），如果被发送的时间基准是基于本地接收的 GPS 时间，该字段值被设置为 LOW（3）；否则，就被设置为 ROUTINE（2）。在所有其他的 CONF PDU 和所有的 TERM PDU 中该字段值被设置为 3（LOW），并且必须被接收机忽略。

2. 地址

Dest Addr 字段携带的是此 PDU 被发送到的台站（或多个台站）的地址。目标地址可以是单个目标接收台站的地址、多播地址或广播链路上的所有地址。当目标地址是多播地址或广播地址时，Addr Type 字段设置为 "1"。在非链接呼叫中（特别是 LQA 探测），目标地址被设置为发送台站的地址；因此，它和源地址的值相同。

Source Addr 字段包含发送此 PDU 的台站的地址。它总是单个台站的台站地址，从未是多播或广播地址。

XN 字段设置为 0 时表示目标台站和呼叫台站在同一网络中。当设置为 1 时，目标台站在不同的网络，本地网络中具有相同的 10bit 地址的台站不得响应。

3. PDU 类型

PDU 类型字段表示 PDU 在协议中的作用。该字段的编码如表 5.3 所列。

表 5.3　FLSU PDU 类型

类型	描　　述
0	REQUEST_2Way: 如图 5.14 所示，带确认信号的请求
1	CONFIRM: 确认发送方为所请求的服务准备就绪
2	TERM: 终止发送方参与目前的服务
3	Asynchronous FLSU_REQUEST: 被多次发送，然后再发送单个 FLSU 请求
4	REQUEST_1Way:没有确认信号的请求
5	TOD_Response: 应答一个业务类型为 TOD 的 REQ_2Way 在 Argument1 字段携带 TOD 的分钟（0, 1, …, 59），在 Argument2 字段携带 TOD 的秒（0, 1, …, 59）
6，7	保留

4. 参数字段

PDU 中双参数字段携带特定于协议和 PDU 类型的信息，如表 5.4 所列。例如，链路建立请求在这些字段中携带用于通信业务的信道和业务类型（表 5.5）。

表 5.4　FLSU 参数字段用法

字段	值	描　　述	
	PDU 类型	FLSU	FTM
Argument1	0	信道（0, 1, …, 63）	持续时间（TBD）
	1	TOD 校正/得分	得分
	2	信道（0, 1, …, 63）或 LQA 交换中的得分	保留
	3	信道（0, 1, …, 63）	保留
	4	信道（0, 1, …, 63）	TBD
	5	分钟（0, 1, …, 59）	保留
	6，7	保留	保留

（续）

字段	值	描　　述	
Argument2	0	业务类型（表 5.5）	业务类型（表 5.5）
	1	TOD 校正/得分	得分
	2	原因代码	原因代码
	3	业务类型（表 5.5）	保留
	4	业务类型（表 5.5）	业务类型（表 5.5）
	5	秒（0, 1, …, 59）	保留
	6，7	保留	保留

表 5.5　业务类型（FLSU 和 RLSU）

码字	业务类型
0	NO_TRAFFIC_TO_SEND
1	ANLG_VOICE
2	DGTL_VOICE
3	ANDVT [S-4197, S-4198] (参数自动检测)
4	S-4285 [2400, 长交织]
5	S-4285 [2400, 短交织]
6	S-4285 [1200, 长交织]
7	S-4285 [1200, 短交织]
8	S-4285 [600, 长交织]
9	S-4285 [600, 短交织]
10	S-4285 [300, 长交织]
11	S-4285 [300, 短交织]
12	S-4285 [150, 长交织]
13	S-4285 [150, 短交织]
14	S-4285 [75, 长交织]
15	S-4285 [75, 短交织]
16	S-4415 (长/短交织自动检测)
17	S-4539_HDR (参数自动检测)
18	SER_110B (参数自动检测)
19	HDL_24
20	HDL_12
21	HDL_6
22	HDL_3
23, 24, …, 38	LDL_32, 64, 96, …, 512

（续）

码字	业务类型
39	LQA
40	HDL+
41, 42, …, 50	保留供未来 S-4538 使用
51, 52, …, 62	保留给供应商使用（不可互操作）
, 63	TOD（仅 FLSU）

5. CRC 字段

CRC 字段包含一个 8bit 的循环冗余校验（CRC）用于错误检测，由 PDU 的前面 42bit 计算得出，其生成多项为 $x^8+x^7+x^4+x^3+x+1$。

5.3.4.2　FLSU 协议操作

当需要建立链路时，首先调用 ACS 功能来选择呼叫信道尝试连接。随后将服务原语发送给 FLSU 功能，指定单个数据报、流量模式以及在哪个信道上进行连接。然后，该 FLSU 功能在指定信道上尝试连接，并向会话管理器简单表明建链成功或失败。在一次失败的连接尝试情况下，会话管理器负责在稍后的时间发出数据报的另一个传输请求服务原语。

FLSU 本身是用于单个连接尝试的尽力而为服务协议，而不是在多个频率多次尝试的持久性协议。当然，ACS 算法和持久性协议是系统所必需的，但是它们不影响空中通信的互操作性且并未被标准化。

FLSU 使用一个单向 PDU 或双向 PDU 交换来建立逻辑链路。如果没有接收到呼叫响应，必须发送连接终止信号作为第三次传输，以避免出现半上行链路。

1. 避碰算法

当被叫台站预期发送的响应是乱码或丢失时，主叫台站检测到连接失败。这种失败可能是由于传播条件差、接收端信道阻塞、与其他传输发生碰撞等。FLSU 通过在连接失败时调用退避算法试图避免冲突。当检测到连接失败时，主叫台站必须等待一段随机选择的驻留时间，然后重试。退避时间的范围取决于业务流量的优先级。退避时间作为流量优先级的函数，其建议的范围如表 5.6 所列。

表 5.6　FLSU 退避时间

优先级	退避时间（驻留时间）/s
最高	1～2
高	1～4
常规	1～8
低	1～16

2．FLSU 示例

图 5.16～图 5.22 描述了（通过具体的示例场景）FLSU 协议提供的一些功能。相关场景如下：

- 同步双向 FLSU，点对点数据分组服务；
- 同步双向 FLSU，点对点电路模式服务；
- 同步双向 FLSU 失败，假设请求点对点分组服务；
- 异步双向 FLSU，点对点数据分组服务；
- 同步双向网络 FLSU，电路模式服务（会议模式）；
- 通过 FLSU 方法的 TOD 分布；
- 同步双向 FLSU，点对点数据分组服务，显示不同呼叫信道和业务信道条件下可选的集群操作。

所有的场景都给出了二维图（时间和频率），其中水平轴上列出了 4 个或 8 个频率，垂直轴上列出了时间（从上到下时间的推移）。除非另有说明，否则呼叫频率和业务频率是共同的（相同的）。图例描述了在图中如何区分台站。

- 浅灰色描述了主叫台站的活动；
- 白色描述了被叫台站的活动；
- 深灰色（交叉影线）描述了所有网络成员的活动。

1）同步双向 FLSU，点对点数据分组服务

图 5.16 中，从左上角开始，所有的台站同步扫描指定的频率。每个频率的驻留时间是 1.35s。扫描时，要求所有台站采用发射前侦听（LBT）算法，作为扫描列表中的每个频率建立频率使用状态的一种方法。在频率 4 的驻留时间段内，台站被引导与频率 3（F3）上的特定台站建立点对点链路，使用 xDL（一般参考 HDL 或 LDL）ARQ 协议进行可靠的分组传输。

主叫台站继续扫描直到所需的呼叫频率前面一个驻留信道。在此期间，主叫台站仍然可以对任何具有较高级和平级优先权的呼叫做出响应。如果这种情况发生，原计划的呼叫将被推迟。

否则，在这时期结束时主叫台站跳过频率 2 驻留信道切换到频率 3，执行 LBT 程序以确保信道未被占用。其余的台站将继续同步扫描直至遇到频率 3。注意，如果指定 F3 的服务请求在 F3 正常的驻留时间前正好发出（这样的话 LBT 是不可能的），则如果在之前正常的扫描过程中所采集的占用数据被视为可靠，规范允许在 F3 上发送该数据。

在频率 3 时隙，主叫台站发出双向的 FLSU_Request PDU，传达主叫台站地址、被叫台站地址、优先级和所期望的业务服务（xDL ARQ 模式）。网络中的所有台站如果检测到该 PDU，将停止扫描。除被叫台站之外的所有台站确定不是呼叫它们之后都自由恢复扫描。

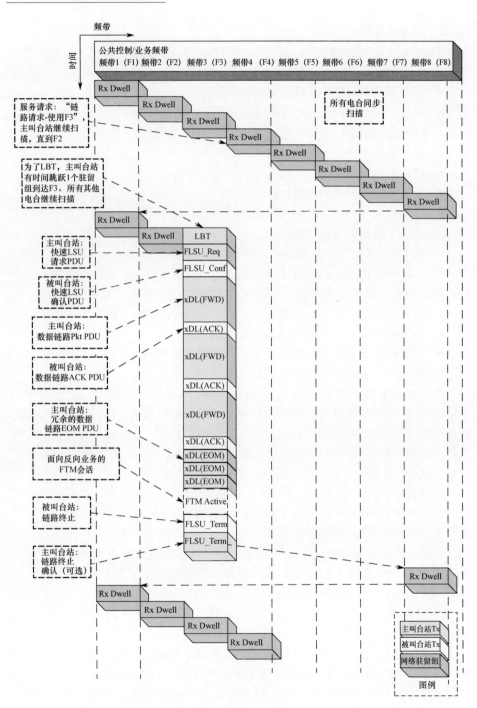

图 5.16 同步双向 FLSU，点对点分组服务（未按比例画图）

被叫台站停留在频率 3，并用 FLSU_Confirm PDU 响应，表明可以继续进行所请求的业务服务。随后主叫台站和被叫台站都进入约定好的 xDL 协议；它们交替发送 xDL 的 PDU，主叫台站使用 xDL_DATA PDU 发送数据，被叫台站用 xDL 的 ACK/NAK 的 PDU 响应。此过程继续进行，直到所有的数据被无差错传送，以主叫台站发送冗余的 xDL 终止消息（EOM）PDU 为标志。xDL 传输一旦完成后，两个台站在 F3 上仍然保持连接并初始化快速流量管理（FTM）协议协商下一步业务。因此，给被叫台站提供了反向发送业务的机会。

连接超时发生后，最后一个接收到 xDL 传输的台站通过发送 FLSU_Term PDU 终止连接。终止连接之后，主叫台站和被叫台站重新加入到其他网络成员中进行同步扫描。注意，在这种场景下，主叫台站在发送 FLSU_Req PDU 之前执行一次冗长的 LBT。如果连接请求正好发生在频率 3 驻留时间之前，LBT 程序将不会发生，因为该台站已经在每个扫描频率的驻留时间内一直执行 LBTs 并已推测确定频率 3 未被占用。

2）同步双向 FLSU，点对点电路模式服务

图 5.17 中的场景和上面的场景是一样的，不同的只是业务服务是电路模式。FLSU_Request 指定了将在电路模式中使用的通信波形。例如，STANAG 4285 可被指定为通信波形。一旦电路模式开始，任何台站都可以使用指定的通信波形启动传输。建议使用 CSMA/CA 程序以避免冲突。

3）同步双向 FLSU 失败，假设请求点对点分组服务

图 5.18 显示了链路建立失败所需的步骤。所有的双向 FLSU 呼叫只需要请求和确认的 PDU 传输。只有在主叫台站没有按照预期正确地接收到确认 PDU 时，才第三次传输。

链路连接失败可以有很多原因。例如，CRC 失败，传播故障，在 FLSU_Confirm PDU 的任何字段中一个意想不到的结果，或接收到一个意料之外的不同类型的 PDU。在这些情况下，主叫台站需要发送一个 FLSU_Terminate PDU。

但是，主叫台站必须注意接收台站只需执行双解调即可。所示的场景描述了经由原始 FLSU 呼叫调用 xDL ARQ 协议的情况。由于呼叫台站并未收到 FLSU_Confirm 响应，必须假设发出了相应但并未正确传播，同时被叫台站为 xDL 分组传输协议做好准备。照此，被叫台站的建立是为了接收第一个 xDL 前向分组 PDU 或者一个 xDL_Terminate PDU。发送一个 FLSU_Terminate 对接收台站提出了三重解调的要求。因此，呼叫台站必须发送多达 N 个 "xDL_Term" PDU 来中止 ARQ 协议。在 xDL 协议规范中，N 由前向分组

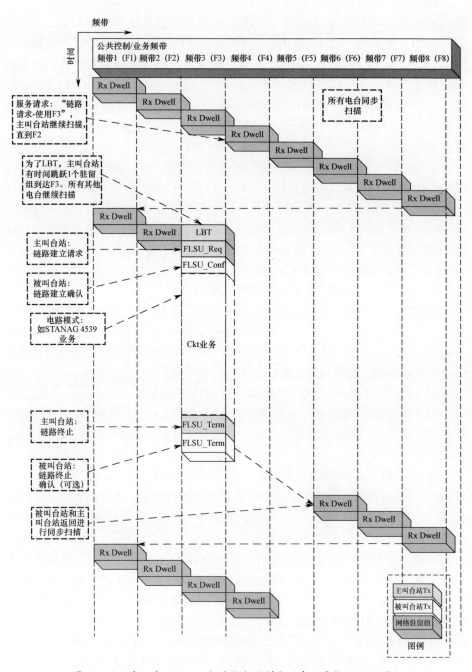

图 5.17 同步双向 FLSU, 点对点电路模式服务（未按比例画图）

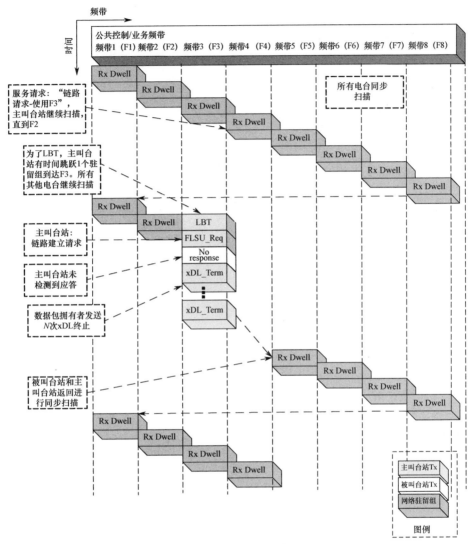

图 5.18 同步双向 FLSU 失败（未按比例画图）

PDU 的时隙内容纳的 xDL_Terminate PDU 数量来确定。如果这是一个电路业务的例子，"xDL_Term" PDU 就不是必要的，呼叫台站可以在呼叫响应失败之后立即发送 FLSU_Terminate PDU。

4）异步双向 FLSU，点对点数据分组服务

网络没有同步的台站仍然可以通过异步呼叫程序发起呼叫。呼叫类型（点对点、点对多点等）和业务服务类型和同步呼叫期间允许的那些 PDU 是一样的，如图 5.19 所示。

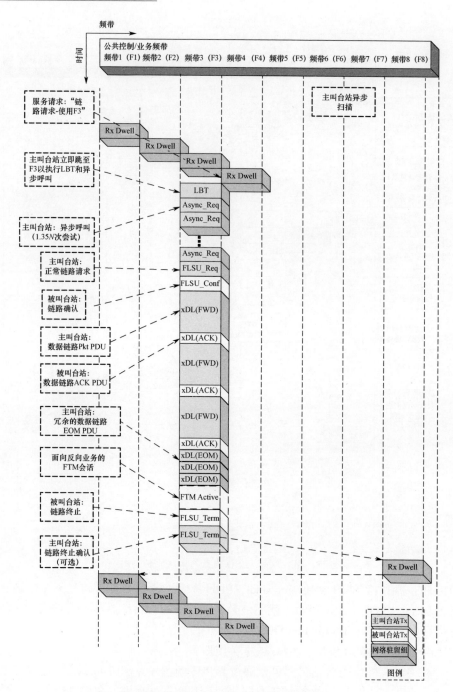

图 5.19　异步双向 FLSU（未按比例画图）

非同步的主叫台站按照所要求的驻留速率扫描分配的频率。然而，它与其他网络成员并不是同步扫描。异步呼叫从 LBT 开始（至少维持一个驻留时间），随后是大约 1.35N 个 Async_FLSU_Request PDU 在所要求的链路频率上传输，其中 N 是在扫描列表上的信道数，1.35 是每次频率停留的持续时间（以 s 计）。传输 1.35N 个 Async_FLSU_Request PDU 保证了所有其他的扫描台站将在异步呼叫过程中扫描呼叫信道，即便是在日偏移这种最坏情况下。如果能更精确地估计日偏移的时间，可以发送少于 1.35N 个 Async_FLSU_Request PDU 来捕获预期的台站。

因为被叫台站的地址包含在 ASync_FLSU_Req PDU 中，所以未包括在该呼叫中的所有台站可以自由恢复扫描。接收到异步 FLSU PDU 之一的被叫台站停止扫描，并等待正常的 FLSU_Request PDU，在最后一个 Async_FLSU_Request PDU 之后它立即被发送。最长的等待时间约等于 1.35（$N + 1$）s，其中 N 为扫描列表中频率的数量。

接收到一个有效的 FLSU_Request PDU 之后，被寻址的台站正常用 FLSU_Confirm PDU 来响应。FLSU 协议的所有后续元素和同步呼叫时的情况是相同的。BW5 FLSU 突发波形（和所要求的驻留时间）已设计成能够确保异步呼叫的接收（给定一个开放频率和足够的传播条件）。

5）同步双向网络 FLSU，电路模式服务（会议模式）

图 5.20 的场景和前面提出的 PTP 电路模式场景是相同的，不同之处在于它是一个点对多点（PTM）呼叫。在双向的 FLSU_Request 中，被叫台站的地址是一个多播地址（寻址网络内的一组台站）。这种类型的呼叫（双向）要求被叫台站按照其地址所指定的顺序依次响应（点名，类似于 2G ALE 网络呼叫的时隙响应）。每个台站在其分配的时隙内以 FLSU_Confirm PDU 响应。在上述场景中，该 FLSU_Request PDU 的业务类型部分指定了通信波形。

注意，如果一个单向点对多点（PTM）FLSU_Request PDU 被呼叫者使用，被叫台站将不会响应。如果主叫台站选择了双向呼叫，点名响应才被使用。

任何台站都可以发出 FLSU_Terminate（连接）PDU，宣布其背离链路。如果主叫台站发出 FLSU_Terminate PDU 序列使用的是多播地址，所有台站都应当返回到扫描模式（这可能跟随由每个台站发出的连接终止的确认信号，如果被调用的话）。

由于暂时的传播异常或者在呼叫过程中连接到不同的频率上，一些台站有可能错过多播呼叫。主叫台站可以在不同的频率上重新发送 FLSU_Request PDU 到多播地址，有选择地捕获错过初始呼叫的网络成员。点名过程将会重复。

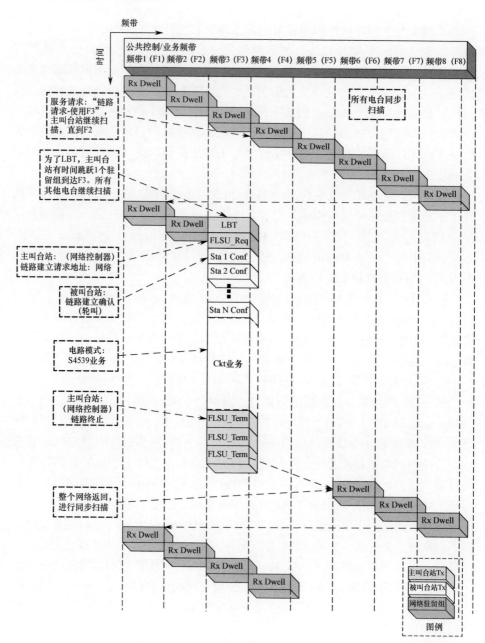

图 5.20 同步双向，点对多点 FLSU，电路模式（注意：本图为示意图，未按比例绘制）

6）通过 FLSU 方法的 TOD 分布

图 5.21 中的图表展现了 TOD 分布的过程，将 TOD 传输至非同步主叫台

站。非同步台站使用先前描述过的异步呼叫技术发送 1.35*N* 个异步 FLSU_
Request PDU。FLSU_Request PDU（业务类型设置为 TOD）在异步呼叫周期结
束时被发送一次。目标地址可能是全 1，对应一个隐式地址（管理网络的控制
台站是唯一的响应者），或是任何一个台站的（显式）地址。发送该 TOD 请求
后，请求台站监视呼叫信道等待 TOD_Response PDU 出现。监视超时的时间被
定义为两个扫描驻留的时间。

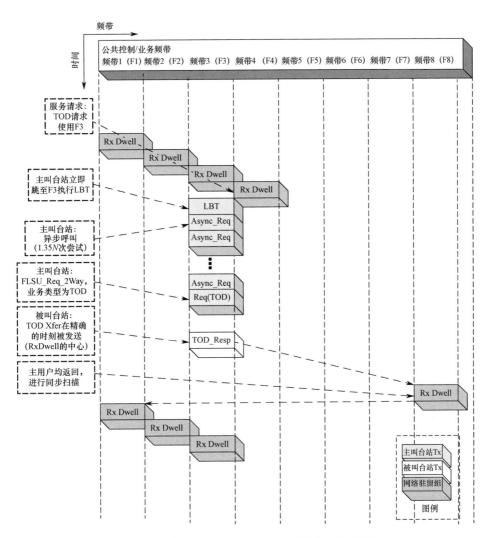

图 5.21 通过 FLSU 激活 TOD 分布（未按比例画图）

接收到 TOD 请求后，（显式或隐式）被寻址的台站在初始呼叫信道上发送
FLSU_TOD_Response PDU。TOD_Response PDU 传输必须满足异步 PDU 传输
的精准定时要求。TOD_Response PDU 包含了相关的 TOD 信息。如果
TOD_Response PDU 出现 CRC 故障，主叫台站必须重复整个过程。

还有其他方法用于 TOD 同步。

- GPS TOD 同步是优选方法，因为它是被动的和极其精确的（但它依赖
  外部服务）。
- 被动 TOD 同步，可以通过搜索扫描列表中的某个特定信道用于同步呼
  叫的方法来建立（但以这种方法获得的 TOD 精确度通常不确定，并会
  因为链路保护而进一步复杂化）。
- 广播 TOD 分布可以通过网络控制台站发出 TOD_Request 和 TOD_
  Response 两种 PDU 来实现。然后所有监测广播 TOD 的台站可以被动
  地接收 TOD 同步。

7）同步双向 FLSU，点对点数据分组服务，呼叫/业务信道分离

图 5.22 的图表描述了使用分离的呼叫信道和业务信道的可选功能。通常情
况下，FLSU 也使用寻呼信道用于通信业务。然而，PDU 和所需的定时参数完
全支持分开使用呼叫信道和业务信道。示例场景类似于之前的同步呼叫场景，
所不同的是出于对所期望的业务信道占用情况进行评估的目的，一个额外的驻
留被引入。

最初，在这个场景中的所有台站都同步扫描。呼叫台站从它的用户进程接
收到一个请求，要求使用呼叫信道 3 和业务信道 6 来建立链路。该台站继续扫
描直到其到达所需呼叫信道（信道 3）前面的两个驻留信道，此时它切换到所
期望的业务信道（信道 6），并且执行一个驻留时间的 LBT 评估信道占用。如
果期望的业务信道未被占用，主叫台站切换到所期望的呼叫信道，执行一个驻
留时间的 LBT，然后发送建链请求的 PDU。

然后两个台站都切换到业务信道，并在必要时执行天线调谐。被叫台站在
业务信道上发出连接确认的 PDU，后续的分组 ARQ 业务进展和呼叫信道与业
务信道中的一般情况一样。

注意，链路建立失败的情况和呼叫信道与业务信道中的一般情况是相同
的。如果主叫台站在业务信道上没有接收到连接确认的 PDU，它将发出 ARQ
EOM 序列（仅当 xDL 模式在请求中公布时），随后是一个连接终止的 PDU。
此场景中的定时要求并未改变，因为无论业务信道是否和呼叫信道相同，都需
要知道切换频率和调谐的时刻。

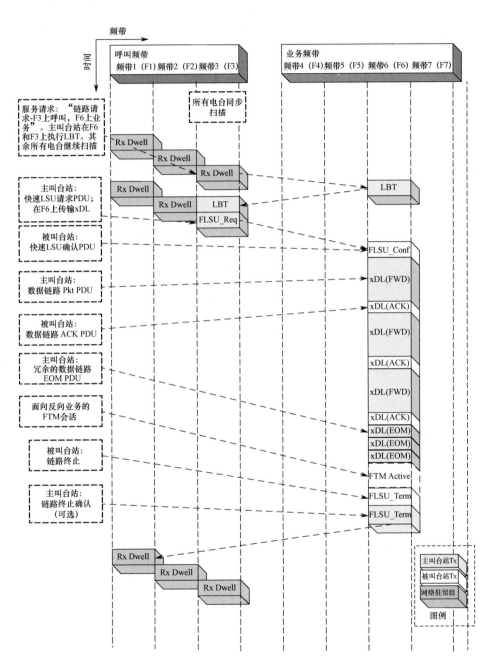

图 5.22 FLSU 中独立的呼叫/业务信道（未按比例画图）

5.3.5 稳健链路建立

本节介绍了稳健的链路建立（RLSU）协议。RLSU 旨在供大型或重负载的 3G 短波网络使用。它在一些重要方面和 FLSU 不同，其目的是提高以下应用的效率。

- RLSU PDU 比 FLSU PDU 短得多（26bit 对 50bit），因此一次呼叫占用呼叫信道的时间更短。
- RLSU 驻留时间包含用于呼叫的多个时隙，这使得 RLSU 比 FLSU 能更有效地避免冲突。
- 虽然 FLSU 和 RLSU 两者都可以在呼叫/业务信道的集群或共享模式下操作，但是 FLSU 通常共享通道，而 RLSU 通常使用集群模式。

从功能上讲，RLSU 提供和 FLSU 大约相同的功能（PTP 和 PTM 连接、时间分布等），但 RLSU 较短的 PDU 不允许业务设置与链路建立同时操作。当 RLSU 建立模拟语音业务的链路时，在链路建立后没有必要进行流量管理握手。然而，对于所有的数字模式（包括数字语音），一次成功的链路建立握手之后必须跟 TM 握手。这个顺序通常如图 5.23 和图 5.24 所示。后面将介绍更详细的示例。

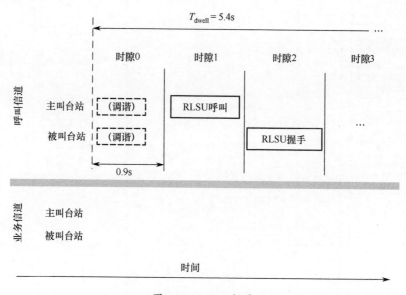

图 5.23　RLSU 握手

FLSU 和 RLSU 链路建立过程的一个有趣的差异在于由哪个台站选择用于通信业务的信道。在 FLSU 中，业务信道在 Request PDU 中指定，由主叫台站发送。在 RLSU 中，主叫台站公布其希望发送的业务类型，被叫台站选择一条它相信能够支持该类型业务的信道。

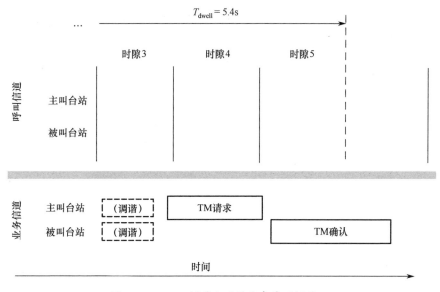

图 5.24　RLSU 握手之后的业务管理握手

5.3.5.1　RLSU 协议数据单元

图 5.25 展示了稳健模式链路建立协议数据单元（RLSU PDU）。在每个点/多点地址中，4 个最不重要的比特称为"组＃"。6 个最重要的比特形成一个"成员＃"字段。这些 PDU 使用 BW0 发送。

			6	3	6	4	1	4
呼叫PDU	1	0	被呼叫成员# (不是1111xx)	呼叫类型	呼叫成员#	呼叫组#	XN	CRC

			6	3	7			8
握手PDU	0	0	链路ID	指令	参数(例如, 信道#)			CRC

			6	3	6	4	1	4
通知PDU	0	1	11111	呼叫状态	呼叫成员#	呼叫组#	XN	CRC

			3	3	3	7		8
广播PDU	0	1	110	倒计时	呼叫类型	信道		CRC

			3	3	6	4		8
扫描呼叫PDU	0	1	111	111	被呼叫成员#	被呼叫组#		CRC

图 5.25　RLSU PDU

1. RLSU_Call PDU

RLSU_Call PDU 向被叫台站（们）传达必要的信息，以便那些台站（们）可以知道是否要响应，以及什么质量的业务信道是必需的。PDU 包含了主叫台站完整的地址，但是只有被叫台站的成员号字段是必需的。这是因为被叫台站的地址的组号部分用于计算携带呼叫的呼叫信道，因此它是隐式的。当主叫台站和被叫台站的网络号是相同的时候，在 RLSU_Call PDU 中的 XN（跨网）比特设置为 0。否则 XN 比特设置为"1"。

RLSU_Call PDU 中的呼叫类型字段按照表 5.7 指定的进行编码。呼叫类型如下。

- 分组数据呼叫类型仅用于 HDL 或 LDL 数据链路协议在链路建立后传递消息。
- 短波调制解调电路呼叫类型用于短波数据的连续波形（即除 BW1-BW4 之外的波形）在链路建立后传输业务。
- 语音电路呼叫类型要求一个适合模拟语音操作（如 10dB 或更好）的链路 SNR。
- 高品质的电路呼叫类型要求一条基本上比模拟语音电路更好的信道（如 20dB 或更好），通常用于通过高速的短波数据波形携带大量的数据。
- 单播和多播呼叫类型用于主叫台站指定链路的业务信道，并用于被叫台站维持无线电沉默。
- 控制呼叫类型用于宣布链路释放，发起同步检查握手以及类似的功能，不用于建立链路。

表 5.7　RLSU 呼叫类型字段编码

编码	呼叫类型	第二个 PDU 的来源	呼叫方的类型
0	数据包	应答者	数据包
1	HF 调制解调电路	应答者	HF 调制解调电路
2	模拟语音电路	应答者	模拟语音电路
3	高质量电路	应答者	高质量电路
4	单播 ARQ 包	呼叫者	单播 ARQ 包
5	单播电路	呼叫者	单播电路
6	组播电路	呼叫者	组播电路
7	控制	呼叫者	控制

2. RLSU_Handshake PDU

RLSU_Handshake PDU 是 RLSU 握手中发送的第二个 PDU。

链路 ID 是主叫台站和响应者地址的散列,用呼叫者(发送该 RLSU_Call PDU 的节点)和响应者(RLSU_Call PDU 中被叫台站或多播地址)的 10bit 的点/多点地址,按照下面的方法计算:

temp1=<呼叫者地址>*0x13C6EF

temp2=<应答者地址>*0x13C6EF

链路 ID= ((temp1 >> 4) + (temp2 >> 15)) & 0x3f

式中:"*"为 32 位无符号乘法;">>n"为右移 n 位;"&"为按位与。表 5.8 所列为计算链路 ID 的示例。

表 5.8　链路 ID 的计算

主叫台站	被叫台站	temp1	temp2	链路 ID	链路 ID
1	2	0013c6ef	00278dde	3D	61
1	3	0013c6ef	003b54cd	24	36
2	1	00278dde	0013c6ef	4	4
3	1	003b54cd	0013c6ef	33	51
(10 进制)	(10 进制)	(16 进制)	(16 进制)	(16 进制)	(10 进制)

指令字段编码如表 5.9 所列。

表 5.9　指令字段编码

编码	指　令	描　述	参　数
0	继续握手	握手将继续,从而实现至少一次的双向握手(发生在同步模式时下一个指定的被叫台站点的驻留频率上)	原因
1	开始业务设置	这是呼叫信道上发送的最后指令。变量为信道编号,对应的台站点将(或应当)监听业务设置。听从该指令,所有台站点转向业务信道	信道
2	语音业务	该指令引导被叫台站点转至业务信道,开始语音业务。变量为信道编号。听从该指令,主叫台站点将第一个收到通话(仅 PTP1 和 PTM)	信道
3	链路释放	该指令通知所有监听台站点,发送台站点已不再使用指定的业务信道	信道
4	同步检查	该指令引导被叫台站点测量同步偏差,并向主叫台站点反馈。用于同步管理协议	质量|时隙
5	保留		
6	保留		
7	终止握手	该指令立即终止握手,且不需要任何回应	原因

参数字段包含一个信道编号、一个原因代码或 7bit 的数据，如表 5.9 所列。根据表 5.10 中原因对应的值编码成 7bit 的整数。

表 5.10 RLSU 原因字段编码

编码	原 因	注 释
0	NO_RESPONSE（无响应）	要求的信息源没有回应
1	REJECTED(拒绝)	台站不愿意建立链路
2	NO_TRAF_CHAN	所有的业务信道都在使用
3	LOW_QUALITY	可用业务信道的质量不足以满足所要求的业务
其他	保留	

3. RLSU_Notification PDU

RLSU_Notification PDU 用于广播发送台站的状态：时间服务器、离开网络、开始 EMCON（无线电沉默）或标称。发送标称状态的通知也可用作 3G 版本的探测。通知总是被发送到该发送台站所属的网络，因此在 RLSU_Notification PDU 中 XN 比特位应该总是 0。

4. RLSU_Broadcast PDU

RLSU_Broadcast PDU 可用于建立广播链路。呼叫类型字段描述了要发送的业务，使用表 5.7 的编码。信道字段包含了呼叫台站将在信道上广播的信道数量。倒计时字段指示到该广播开始前的剩余时间（以驻留时间计算）。

5. RLSU_Scanning_Call PDU

RLSU_Scanning_Call PDU 用于异步链路建立。此 PDU 包含被叫台站的完整地址。扫描呼叫 PDU 被多次发送来捕获异步扫描接收机，后面紧跟单个 RLSU_Call PDU。

6. RLSU PDU 的 CRC 计算

每个 RLSU PDU 都包含一个 4bit 或 8bit 的 CRC 字段，计算方法如下。

- 4bit 的 CRC 计算采用多项式 $x^4 + x^3 + x + 1$。
- 8bit 的 CRC 计算采用多项式 $x^8 + x^7 + x^4 + x^3 + x + 1$。

5.3.5.2 RLSU 协议操作

和任何 ALE 网络一样，3G 网络中的空闲台站利用 RLSU 扫描呼叫信道来侦听呼叫（或探测）。

1. 同步驻留结构

RLSU 中每个同步的驻留时间由 6 个 900ms 的时隙构成，如图 5.26 所示。保留时隙 0，用于调谐和检查业务信道的占用情况（如下面介绍的旋转地被选择）。继业务信道占用检查后，此驻留时间的其余部分由呼叫信道上的 5 个呼叫时隙组成，每个时隙 900ms 用来呼叫和通知。呼叫可以在驻留时间的前 4 个时隙中的任意一个时隙发起。

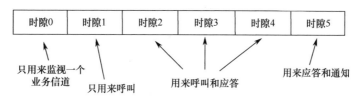

图 5.26　RLSU 时隙式驻留

2. 呼叫时隙选择

主叫台站每次驻留时使用随机或伪随机过程选择呼叫时隙，这个过程根据要发送的业务的优先级相应调整。前面的时隙被其他呼叫抢占的可能性比后面的时隙可能性小，所以更高优先级的呼叫应该更有可能选择前面的时隙。对于这样的优先次序，一个建议方法是使用了表 5.11 的概率。需要注意的是呼叫从来不在驻留时间的时隙 5 发送，但是较早呼叫的响应可能在那个时隙发送。

表 5.11　RLSU 时隙选择概率

业务优先级	时隙中的呼叫概率/%			
	1	2	3	4
最高	50	30	15	5
高	30	45	15	10
常规	10	15	45	30
低	5	15	30	50

3. 同步呼叫协议

台站一经用户请求就开始呼叫，并在以后的每个驻留时间内继续呼叫直到逻辑链路建立或者呼叫被用户、其他台站或者在预定次数的呼叫后由于连接失败所终止。RLSU 可以用以下三种方式之一建立链路。

- 带有 ACK 的 PTP RLSU（PTPA）：预计被叫台站将响应呼叫，要么接受逻辑链路并指定业务信道，要么拒绝逻辑链路，要么接受链路但推迟业务信道的选择。
- PTP 单向 RLSU（PTP1）：呼叫台站将指定业务信道；不期望也不允许被叫台站发送 RLSU 响应。这种情况有时被称为单播呼叫。
- PTM 单向 RLSU：呼叫台站将指定业务信道；不期望也不允许被叫台站发送 RLSU 响应。这种情况包括多播呼叫（PTM1）和广播呼叫（BCST）。带确认的 PTM1 在 RLSU 后使用 TM 协议点名。

4. 发送前侦听

避免碰撞和干扰是 3G ALE 的关键要求。采用 RLSU 的台站必须在选择用于发送呼叫的那个时隙前面几个时隙监听呼叫信道。如果在 LBT 期间检测到信令，该台站在下一个时隙不能发送 PDU，除非做出下面的可选判决：检测到的信号为带有正确 CRC 的 RLSU_Handshake PDU，并且命令字段指示业务将不会在信道上开始。

5. 稳健的 PTP 和 PTM 呼叫

在 PTP 呼叫的两种情况（PTPA 和 PTP1）以及 PTM 呼叫中，每次被叫台站（或多播组）开始一个新的驻留时间，呼叫台站将选择一个时隙发送呼叫 PDU，在它之前的时隙（如果有的话）监视呼叫信道，并且如果 LBT 表明该时隙是空闲的就发起呼叫。但是，如果主叫台站接收到一个发送给自己的呼叫，主叫台站应该放弃自己的呼叫并响应收到的呼叫。

如果 LBT 表明该信道可能正忙，该台站在那个信道驻留期间将不会在信道上发送呼叫，该台站应改为在此次驻留的剩余时间内监听发送给自己的呼叫。

6. 稳健的 PTPA 响应

在 PTPA RLSU 中，选择一个业务信道的责任在于被叫台站，因为该被叫台站可以测量呼叫信道上传播的当前状态，并由此估计相关业务信道的质量（即和呼叫信道在同一频段的业务信道）。被叫台站结合对连接到主叫台站的当前（和近期）物理链路进行测量得到的信号质量与相关业务信道（们）的占用测量结果，为逻辑链路确定一条合适的业务信道。然后，把得到的业务信道估计质量和此呼叫指定的服务等级所需的最小信道质量进行比较。被叫台站可以使用任何合适的算法从那些满足所需的最小信道质量的信道中选出一个业务信道。这个信道不需要在当前呼叫信道的附近。

正在搜索呼叫的台站一旦收到寻址到它的 PTPA 呼叫，将发送以下响应之一。

- 开始通信：该响应标识了期望主叫台站启动业务建立 TM 协议所在的业务信道。
- 语音业务：该响应标识了期望主叫台站开始模拟话音通信所在的业务信道。
- 继续握手：表示响应台站愿意建立所请求的逻辑链路，但希望在呼叫信道上继续握手以收集更多的传播测量信息。被叫台站发送此响应后无状态的改变，仍继续像以前那样搜索呼叫。
- 终止呼叫：表示响应台站不愿意建立所请求的逻辑链路，并且包含了说明原因的代码。在进行呼叫的信道上，响应在紧跟在呼叫后的呼叫时隙中被发送。

7. 稳健的 PTP1 和 PTM1 响应

在 PTP1 和 PTM1 RLSU 中，选择业务信道的责任在于主叫台站，必须估计业务信道的质量，结合对连接到业务预期接收者的物理链路的预测和测量（如果可用）。在进行呼叫的信道上，主叫台站在紧跟在呼叫后的时隙中发送响应（RLSU_Handshake PDU）。尽管允许使用上面列出的用于 PTPA 情况的四种响应中的任意一个，但是响应通常是开始通信或语音业务，并将标识出主叫台站启动 TM 协议或模拟语音传输所在的业务信道。

8. 稳健的 LSU 总结

呼叫和开始通信的响应发送后，已经发送过或接收到呼叫和响应的主叫台站与所有被叫台站将调谐到指定的业务信道上，并开始执行 TM 协议。注意，当一个链路建立用于语音业务时（RLSU_Call PDU 中 Call Type=Analog Voice 且 RLSU_Handshake PDU 中 Command 字段=Voice Traffic），TM 协议不需要 TM 握手就能进入合适的链接状态。

被叫台站设置一个超时，如果业务没有及时开始，超时后它们将回到搜寻呼叫的状态。如果主叫台站在 PTPA 呼叫中没有收到响应，它当然不会开始业务设置。它将到下一个呼叫信道上继续呼叫。

9. 稳健的 LSU 同步模式链路释放

在个单个 PTPA、PTP1 或单播 PTM 链路结束时，呼叫者可以选择性地发送一个链路释放信令。链路释放信令由 RLSU_Call PDU 和跟在后面的 RLSU_Handshake PDU 组成。RLSU_Call PDU 包含原始被叫台站的地址，呼叫类型是 control，RLSU_Handshake PDU 标识业务信道，也包含了链路释放命令。

链路释放信令在呼叫信道上被发送，即建立链路的握手发生时所用的信道。主叫台站应该试图在链路终止后的第一个驻留期间发送链路释放，此时被叫的驻留组正在监听该呼叫信道。如果该驻留期间呼叫信道被占用阻止了链路释放的传输，主叫台站稍后不需要尝试发送链路释放。用于发送链路释放的时隙被随机选择，使用最低优先级呼叫的概率分布。

需要注意的是，追踪链路建立和释放的扫描台站必须试图翻译所有的 PDU。这导致了扫描台站上额外的计算负担。

10. 健壮的 LSU 同步模式广播呼叫

RLSU_Broadcast PDU 引导接收到该 PDU 的每个台站到达一个特定的业务信道，该信道上使用另一种协议（可能是语音）。通常会提供给运营商一个方法来禁止广播协议的执行。

RLSU_Broadcast PDU 中的 Call Type 字段像在 RLSU_Call PDU 中一样被编码，不同之处是可能只使用电路呼叫类型。

countdown 字段表示当前驻留时间结束到广播开始前发生驻留的数量。倒计时字段值为 0 表示广播将在下一个驻留的时隙 1 开始。其他倒计时字段值 $n>0$ 表示广播不晚于未来的 n 个驻留时间开始。在广播呼叫过程中每到一个新的驻留时间倒计时字段就递减。

channel 字段表示将携带广播的信道。

台站可以在驻留时间的每个时隙发送 RLSU_Broadcast PDU（除了时隙 0）。它也可以在每个时隙改变信道以达到一个新的驻留组。当仅发送 RLSU_Broadcast PDU 时，主叫台站不需要在发射前检查这个新呼叫信道的占用情况。

呼叫者发送倒计时字段设为 0 的 RLSU_Broadcast PDU（多个）后的那个驻留时间的时隙 1 开始时，呼叫者在指定的信道上开始 TM（或语音）。

如果在公布的广播开始时间后的业务等待超时时间内 TM_Request（或语音传输）没有开始，接收到 RLSU_Broadcast PDU 并调谐到指定的业务信道的台站们返回到扫描状态。

11. RLSU 示例

图 5.27～图 5.30 通过具体的示例场景描述了稳健的 RLSU 协议提供的功能子集。示例场景如下。

- 同步双向 RLSU，点对点数据分组服务；
- 同步双向 RLSU，用于模拟语音的点对点电路模式服务；
- 同步广播 RLSU，模拟语言广播服务；
- 异步双向 RLSU，用于模拟语音的点对点电路模式服务。

所有的场景用二维（时间和频率）图表示，4 个搜索频率和 4 个业务频率在水平轴上列出，垂直轴上是时间（从顶部到底部时间的推移）。搜索频率和业务频率是不同的（集群操作）。信道数据库中呼叫信道将被编号为 0～3，业务信道将被编号为 4～7。

图例描述了台站如何区分：浅灰色描述呼叫者的活动，白色描述被叫台站的活动，深灰色（交叉影线）描述了所有网络成员的活动。

在这些示例中，所有台站同时扫描相同的信道，因此它们都在相同的驻留组。在大型或繁忙的网络中，为了减少呼叫信道的拥塞，台站将被分配成多个驻留组。

可用频率划分为 4 个呼叫信道和 4 个业务信道，这表示网络管理者期望业务包含频繁、短小的消息。当每个呼叫会导致长时间使用业务信道时，通过调整信道划分增加业务信道相对于呼叫信道的数量。

1）同步双向 RLSU，点对点数据分组服务

图 5.27 从左上角开始显示网络中所有的台站同步扫描指定的频率。驻留时间为每个频率 5.4s。扫描时，所有台站都要求在每个驻留时间的第一部分（时隙 0）执行 LBT 算法，作为给扫描列表中的每个频率建立频率占用状态的一个方法。

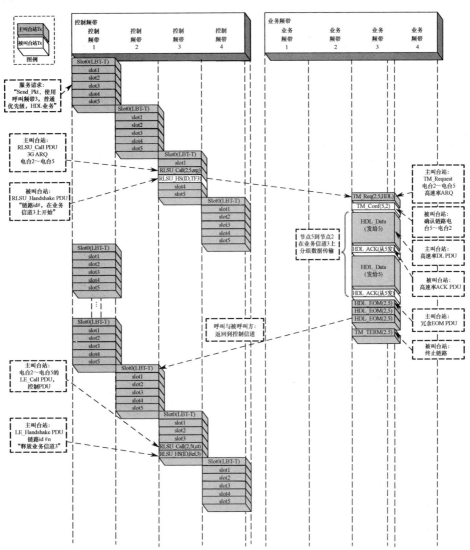

图 5.27　同步双向 RLSU，点对点数据分组服务

在频率 1 驻留期间，台站 2 被引导与台站 5 建立点对点链接，在频率 3 （F3）发起呼叫，使用 xDL（通常参考 HDL 或 LDL）ARQ 协议进行可靠的分组传输。

主叫台站继续扫描，直到被叫台站驻留在期望的呼叫频率上。在此期间，主叫台站仍然可用来响应它接收到的优先级更高或平级的呼叫。如果发生这样的抢占，那么原计划的呼叫延迟。否则，在 F3 上的驻留时间开始时，呼叫台站随机选择一个时隙发起呼叫（考虑到其呼叫的优先级），执行 LBT 程序来保证该信道在所选发送时隙之前未被占用，并在其选定的时隙发送 PTPA 呼叫（指定流量类型是数据分组或 3G ARQ）。

其余的台站都驻留在 F3 上，如果存在一个与台站 2 的物理链路，它们将检测到呼叫。在这个示例中，台站 5 接收呼叫，并以 RLSU_Handshake PDU 响应，该响应接受呼叫，并指定业务频率 3 用于分组传输。同样，其他台站可能会收到握手 PDU；呼叫和响应都接收到的台站会注意到这两个台站和业务信道 3 正在使用，并延迟对那些台站的呼叫和那个业务信道的使用，直到接收到确定的指示表明该链路已经结束（或超时）。

台站 2 和台站 5 调谐到业务频率 3，主叫台站（台站 2）发出 TM_Request PDU，传达主叫台站地址、被叫台站地址、优先级和所期望的业务服务（HDL ARQ 模式具有特定的帧长）。台站 5 返回 TM_Confirm PDU 就完成了通信建立阶段，采用 HDL ARQ 开始数据分组传输。

主叫台站和被叫台站交替发送 HDL 的 PDU，主叫台站使用 HDL 数据发送 PDU 发送数据，被叫台站用 HDL 的 ACK/NAK 的 PDU 来响应。此过程继续进行，直到所有的数据已经无差错传送，这以主叫台站发送冗余的 HDL 消息终止（EOM）PDU 为标志。

在分组连接中，通常在分组被成功传输后，允许被叫台站在反方向开始发送一个分组之后立即终止链路。主叫台站通过发送 TM_Terminate PDU 启动链路终止（被叫台站可以通过选择性地呼应 TM_Terminate PDU 确认链路终止）。终止该链路后，主叫台站和被叫台站都重新加入其他网络成员进行同步扫描。在携带了成功的 LSU 握手的呼叫信道上的被叫台站的第一个驻留时间内，主叫台站试图发送一个链路释放序列（控制类型的 RLSU_Call PDU，后面跟着带有链路释放命令的 RLSU_Handshake PDU）来通知其他台站链路已被终止。

2）同步双向 RLSU，用于模拟语音的点对点电路模式服务

图 5.28 的场景和上述场景是相同的，所不同的是业务服务是语音电路模式。注意，在业务信道上不执行 TM 握手；相反，语音对话在台站调谐到业务

信道上之后立即开始。

遵循相同的程序来终止该链路，并向其他台站宣布链路释放。

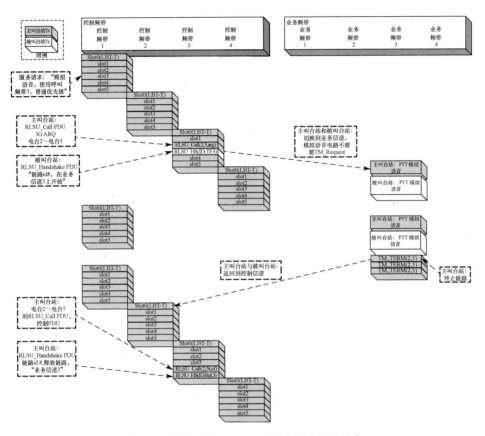

图 5.28　同步双向 RLSU，点对点语音电路服务

3）同步广播 RLSU，模拟语音广播服务

图 5.29 的场景和上述场景是相同的，不同之处在于链路是以广播模式建立。单个 RLSU_Broadcast PDU 在呼叫信道 3 上发送，这表明语音播报将在业务信道 3 上立即开始。接收到该呼叫的所有台站立即调谐到业务信道 3，从台站 2 接收广播。与往常一样，主叫台站终止链路，并向其他台站宣布链路释放。

4）异步双向 RLSU，用于模拟语音的点对点电路模式服务

图 5.30 所描绘的场景和前面的示例不同。所示网络工作在异步模式，其中台站异步扫描分配的呼叫信道，速率为每个频率驻留 787.5ms（每秒约 1.27 个信道）。当同步操作不可行时可以选用这种操作模式。

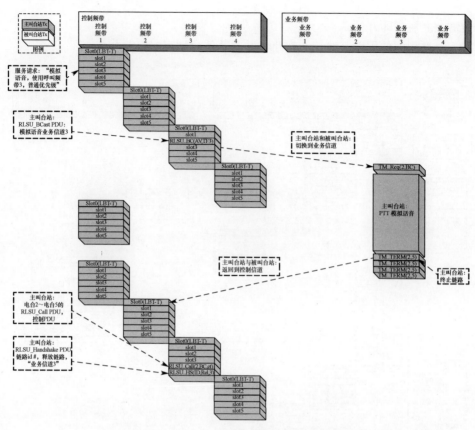

图 5.29 同步广播 RLSU，模拟语音广播服务

当台站 2 在 RLSU 过程中接收到一个在呼叫信道 3 呼叫台站 5 的请求时，它立即开始链路建立过程，因为它并不了解台站 5 当前监控的信道。异步呼叫开始于 LBT（默认为 2s），随后在所请求的呼叫信道上传输约 1.56C 个 RLSU_Scanning_Call PDU，其中 C 是扫描列表中的信道数量，接着是一个 RLSU_Call PDU。发射 1.56C 个 RLSU_Scanning_Call PDU 保证了所有其他的扫描台站在异步呼叫过程中将扫描呼叫信道。因为被叫台站的地址被包含在 RLSU_Scanning_call PDU 中，所以呼叫中不包括的所有台站都能自由地继续扫描。接收到多个扫描呼叫 PDU 之一的被叫台站停止扫描并等待正常的 RLSU_Call PDU，该 PDU 在最后一个 Async_FLSU_Request PDU 之后立即发送。在接收到一个有效的 RLSU_Call PDU 之后，RLSU 协议就和同步情况一样进展，不同之处在于响应在接收到该呼叫后一个固定的时间点被发送。链路释放协议在异步模式下是可选的，图 5.30 的场景并未使用。

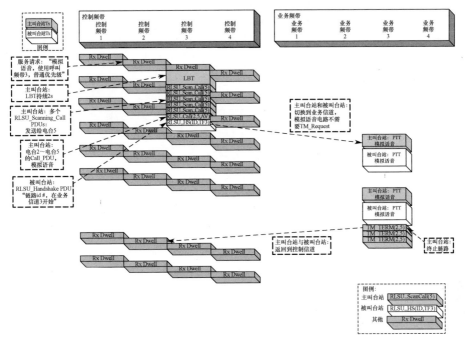

图 5.30　异步双向 RLSU，点对点语音电路服务

5.3.6　3G ALE 性能

3G ALE 协议已经在实验室、仿真环境和现实环境中深入评估过。本节将介绍性能评估的结果。

5.3.6.1　实验室中 BW0 和 BW5 连接性能的测量

公认的测试 ALE 和其他短波系统的方法是基带信道仿真器，使用短波信道的沃特森模型。在这个模型中，信号沿短波信道传播被模拟成经过两条独立的、相互间有固定时间偏移的衰落路径。这两条路径具有相等的平均路径损耗。噪声被建模为加性高斯白噪声（AWGN）。这样一个信道仿真器的设置参数有到达信号的 SNR、两条路径间的时延扩展和路径的双差衰落带宽。用于检测短波调制解调器、ALE 系统等的常用信道条件如下。

- 高斯信道，只有单条无衰落的信号路径，旨在代表地面波传播。
- 良好的信道，路径扩展为 0.5ms，衰落带宽为 0.1Hz。这模拟了缓慢变化的天波信道。
- 恶劣的信道，路径扩展为 2.0ms，衰落带宽为 1Hz。尽管名字令人沮丧，但它代表了相当典型的中纬度天波信道的条件（这样的信道条件在 ITU-R Recommendation F.1487 文献中被称为中纬度干扰）。

表 5.12 列出的成功链接所要求的概率是信道类型和在该信道上 SNR 的函数。FLSU 和 RLSU 系统都满足这些要求。

表 5.12　LSU 链接概率需求

链接成功的概率/%	高斯信道	信道优	信道差
25	−10	−8	−6
50	−9	−6	−3
85	−8	−3	0
95	−7	1	3

图 5.31 显示了 2G 和 3G 系统在这三个标准信道上所需的连接性能。 3G 系统在标准信道获得了比 2G 系统好 8～10dB 的性能，并且还能够在阻止 2G 系统建链的窄带干扰的情况下建立连接。

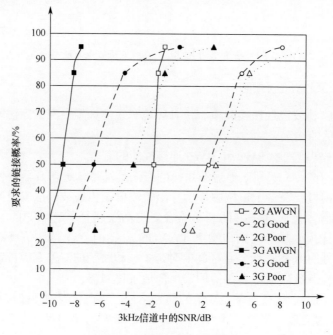

图 5.31　链接性能要求的比较

3G 系统改进的 SNR 性能有什么意义？在战略和长距离短波应用中，通常我们都能发现连接到外部电源的高功率发射机。覆盖范围是首要关注的问题，因此发射机通常工作在 ITU 法规允许的最大功率。在这些应用中，额外的 SNR 性能延伸了可达到的覆盖区域或反应距离。例如，与 2G 基站相比，3G 基站能覆盖距离更远的飞机。

对于战术上的应用，我们发现了更好的 SNR 性能有质量上的不同好处。战术台站通常由台站携带的电池供电。在这些应用中，在低 SNR 条件下的沟通能力意味着可以减少发射功率，从而延长电池的寿命（随身携带更少的电池是一个明显的优势）。

5.3.6.2　3G ALE 性能仿真研究

我们使用 NetSim 仿真器进行仿真研究，测量了短波网络应用中 3G ALE 的有效性。这个仿真器家族认为是相当可靠的，因为联合互操作性测试司令部已经独立验证过其 2G 版本。我们在此总结了从先前在 MILCOM'99 中报告的两个场景中得到的结果：①战略规模的空−地场景，其中短波基台站组成的全球网络向执行典型的飞行运输任务的飞机提供语音通信；②战术场景，其中网络台站交换短数据消息。

1.　空−地场景

空−地场景建模用于语音通信的大规模短波网络。一队飞机在美国东海岸、欧洲、北非和南亚地区的基地间飞行，如图 5.32 所示。初始的 Walnut Street 模型（2.4.3 节中讨论过）被用于太阳黑子数 100，6 月份时的天波传播。作为比较，使用 2G 和 3G 无线电电台模拟相同的场景。分配给这个比较大的网络的频谱包括分布在大部分短波频带的 18 个频率。3G 无线电电台对呼叫和业务信道的各种组合进行了模拟，最佳组合在下面的结果中报告：

- 所有的天线都是全向的，增益为 0dBi。
- 遍布全球的 14 个地面台站每个都有两个相同的无线电设备，2G 或者 3G RLSU，输出功率均为 4kW。
- 每个地面台站每隔 45min 在每个呼叫信道上发出一次探测。
- 每架飞机携带单个无线电设备，使用 2G 或 3G RLSU，输出功率为 400W。
- 飞机未发出探测信号。
- 飞机的时间表被选为 20 世纪 90 年代美国空军空中机动司令部典型的操作（那时 3G 技术正在开发中）。
- 每架飞机在空中时每小时（平均）发出一次 5min 的语音呼叫（间隔和持续时间是指数分布）。为每次呼叫选择一个地面台站的方法是基于发送的探测信号是如何被飞机接收到。

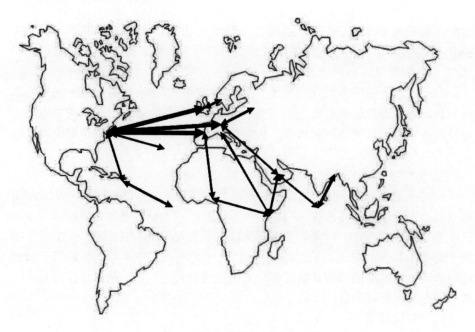

图 5.32　空-地场景（在文献[8]中）

飞机的自适应呼叫（最后一颗子弹中覆盖）是该场景的一个有趣的方面，也是地面台站（2G 和 3G）发出探测信号的原因。

对于这个战略语音应用来说，用户（飞行员）感兴趣的指标是建立链路所需的时间。图 5.33 绘制了在相同的负载下 2G 和 3G ALE 网络在 10s、20s、30s、60s 和 90s 内完成的所有呼叫的累积百分比。在 3G 网络中，18 个频率被最佳划分：5 个频率分配给呼叫信道，其他 13 个频率用于通信信道。2G 网络的 ALE 和通信使用相同的 18 个频率。

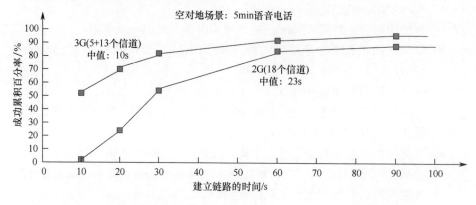

图 5.33　空对地链路建立时间结果（©IEEE 1999 经过文献[8]允许转载）

2G ALE 网络建立链路所需的最小时间是刚超过 18s，因此在少于 10s 的时间内无法完成连接。但是，3G ALE 网络在少于 10s 的时间内完成了约一半的连接，并且在一般情况下建立连接明显比 2G ALE 更快。这是由于较短的 3G ALE 呼叫传输和更稳健的波形允许 3G 系统在低 SNR 的呼叫信道上建立联系。当呼叫在 SNR 条件太差不能进行语音业务的信道上取得成功时，3G 系统可以重新引导链路到适合语音通信的信道上。

3G 系统中分开的呼叫和业务信道工作性能如何？繁忙时间段业务信道的利用率平均为 28%～49%，每小时的信道利用率有些达 83%。另一方面，五个呼叫信道的利用率非常低，范围从 1%（仅探测）到最大的 4%。这些连接信道如此低的占用率允许大多数主叫台站在每个驻留时间发出呼叫，直至成功建立连接。在这次仿真中，业务信道和呼叫信道的解耦被证明减少了建链高流量的反压力。

2. 战术网状型网络场景

对于战术场景，我们研究了 3G 网状型网络（即对等网络，网络中的任何台站可以呼叫其他任何台站）的数据消息吞吐量。首先，对 10 个台站的网络进行仿真，其中每个台站等概率呼叫其他 9 个台站。100 个台站的更大的网络被用来研究 3G 技术的可扩展性。在这种情况下，每个台站只与距它最近的 4 个邻居交换业务，不使用探测。

每小时提交给网络的总通信容量在 100～2500 个消息的范围内变化，间隔时间呈指数分布。无数据链路协议被仿真；相反，信道在连接后占用 5s、10s、15s 或 30s 的固定时间。

为了和以前的研究进行比较，使用了固定信噪比的信道模型：所有链路都有路径损耗，产生 11dB 的 SNR（与其他网络成员不存在冲突）。18 个信道被分配。由于连接和通信的持续时间可相媲美，我们选择平等分割成 9 个呼叫信道和 9 个业务信道。

图 5.34 显示了 10 个台站的网状型网络在不同的信息负载情况下获得的信息吞吐量。我们看到在 CSMA/CA 网络预计出现的渐近饱和。之前的工作（未公布）表明，没有发送前侦听（LBT）的 2G ALE 网络在高负载下吞吐量表现出 ALOHA 式崩溃，执行 LBT 的 10 个台站的 2G ALE 网络在每小时约 15 条 5s 长的数据消息时饱和。

挖掘详细的结果，我们发现，每个台站的单个 ALE 无线电设备是 10 个台站的网络的瓶颈。例如，当所提供的负载是每小时 250 条消息时（每个台站每小时 25 条消息），所有的台站至少有 60% 的时间为连接状态，并且 10 个台站中 7 个 85% 以上的时间为连接状态。因此，提供到该网络的许多消息无法发送，因为目标台站不能接收到它们。尽管如此，饱和的 3G 网络维持的消息吞吐量比同等的（10 个台站）2G 网络要高一个数量级。

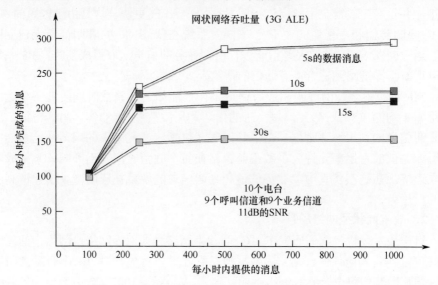

图 5.34　10 个台站负载的 3G 网状网络消息吞吐量（©IEEE 1999 经过文献[8]允许转载）

图 5.35 显示了以一个数量级（100 个台站）的网络为例 3G 技术扩大规模

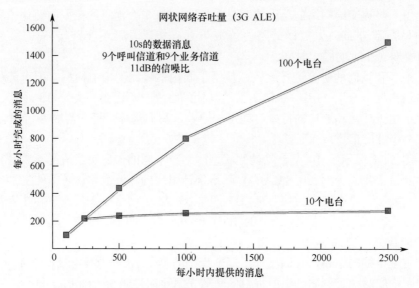

图 5.35　10 个台站和 100 个台站负载的 3G 网状网络的消息吞吐量比较（©IEEE 1999 经过文献[8]允许转载）

的能力。即使所提供的负载比 10 个台站的网络的饱和吞吐量的 10 倍还多，100 个台站的网状型网络还没有饱和。然而，保持固定的信道数量显然阻止了 100 个台站网络的吞吐量达到更小的网络吞吐量的 10 倍。呼叫信道的利用率为 24%～27%，而业务信道的利用率为 31%～74%。

当所提供的负载为每小时 250 条消息（每个台站每小时 2.5 条消息）时，100 个台站网络的台站利用率为 1%～14%，并且在每个台站每小时 25 条消息时比相应的数字情况下的 10 个台站网络利用率稍低。

5.4　流量管理

流量管理指的是协商（或重新协商）已建立的短波链路如何用于传送业务，以及明确地终止业务连接。对于 FLSU 和 RLSU 网络采用不同的协议。FLSU 网络中，链路建立握手期间包括最初的流量管理握手；随后的协商使用 FTM 协议。RLSU 网络使用独立的 TM 协议，将在本节中描述。

根据不同的呼叫类型，在 RLSU 过程之后业务的转变如下：

- 当模拟语音呼叫成功时，不需要 TM；语音业务立即开始。
- 当分组数据呼叫成功时，业务建立协议被用于设置信息分组传输的参数。
- 当任何类型的电路呼叫成功时，电路链路控制协议管理链路上的传输。自适应功能的调制解调器将正常开始通信，而不需要业务建立握手。
- TM 点名功能对于未经被叫台站（们）确认就建立的链路常常是有用的。

一旦连接已经建立，参与该连接的台站确定了：

- 打算加入该连接的台站的身份。
- 连接拓扑：点对点，多播或广播。
- 连接模式：数据分组或电路。
- 将用于连接内发送信令的短波信道。

此外，每个参与的台站都知道自己是否发起连接（即使除发起者之外的其他台站并不总是知道哪个台站始发该连接，比如在广播连接中）。发起台站知道它可以在 TM 阶段的第一个发射时隙发射一个 TM PDU。

在 TM 阶段，参与连接的台站交换 TM PDU，以便确定如果链路是电路连接，将执行数据通信还是语音通信；哪些数据链路协议（多个）、波形（多个）和/或基带调制格式将用于在连接上发送业务；待发送业务的优先级；以及 HDL 和 LDL 协议在为分组业务建立的通信链路上所需的精细时间同步。

如果通信链路是一个多播电路链路（具有多播拓扑），参与连接的台站最初执行点名程序以确定多播组中哪些台站接收到 RLSU 信令并且目前出现在业务频率上。第二次点名可以在通信链路上执行，就在该链路被拆除、参与的台站恢复扫描之前。这允许台站在多播电路链路上发送信息，以便知道信息的预期接收者是否在能接收到信息的通信频率上。这也允许如果所需的台站不在链路上，发起通信链路的台站可以丢弃当前链路并尝试重新建立链路。

当通信链路上通信已经完成时，TM 协议被用于协调各参与台站从通信链路离开。

5.4.1 TM PDU

流量管理 PDU 由 BW1 突发波形携带，如图 5.36 所示被格式化。字段说明如下：

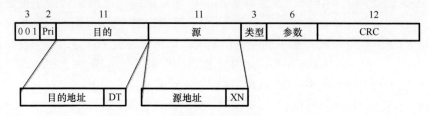

图 5.36 TM PDU

- 优先级字段使用常用的 3G 编号方案，最高优先级为 0。
- 地址字段使用 10bit 的点/多点地址。目的地类型（DT）比特为 1 表示多点链路，0 表示点对点链路。如果流量来源的网络号和目的地的网络号不同，XN 位为 1，如果在同一网络则为 0。
- 类型字段表示该 PDU 在 TM 协议中扮演的角色：0 表示 TM 请求，1 表示 TM 确认，2 表示 TM 终止。
- 在 TM 请求和确认的 PDU 中参数字段携带业务类型（表 5.5）。TM 终止 PDU 该字段的原因代码见表 5.13。

表 5.13　TM 终止原因代码

原因代码	描　　述
0（"ABORT"）	立即终止业务链路，所有参与的台站都离开分配给该链路的单个或多个业务频率。原因为 ABORT 表示没有采取任何措施恢复正在进行中的任一数据传输
1（"RELINK"）	立即终止业务链路，所有参与的台站都离开分配给该链路的单个或多个业务频率。原因为 RELINK 表示用户进程可能在不同的单个/多个频率上尝试恢复数据传输

（续）

原因代码	描　　述
2（"SIGN_OFF"）	发送 TM_TERM PDU 的台站正在离开多播电路链路，它不是该链路的发起者。如果两个或以上台站留在链路上，它们可以继续交换业务
3（"UNLINK"）	由多播电路链路的发起者发送，以使得链路在执行完最后一次轮流呼叫后被拆除
4（"UNL_ACK"）	由多播电路链路的参与者发送，应答原因是 UNLINK 的 TM_TERM PDU，表示该台站已经成功收到多播电路上发送的全部业务
5（"UNL_NAK"）	由多播电路链路的参与者发送，应答原因是 UNLINK 的 TM_TERM PDU，表示该台站仍在多播电路中，但尚未成功收到在多播电路上发送的所有业务
6（"SUSPEND"）	暂停当前的多播电路链路，链路发起者重复稳健的 LSU 多播呼叫，以便尽可能多地检测到在最近的点名呼叫中发现缺席的多播组成员。接收到应答原因为 UNLINK 的 TM_TERM PDU 的台站被期望在业务信道上停留足够多的时间，以使链路发起者完成稳健的 LSU 多播呼叫，返回业务信道，并发送 TM_REQ PDU 开始另一次点名呼叫
7～63	保留

- 12bit 的 CRC 利用 PDU 前面的 36 位计算出来，使用多项式 $x^{12}+x^{11}+x^9+x^8+x^7+x^6+x^3+x^2+x^1+1$。

5.4.2　TM 协议操作

TM 协议在 RLSU 之后操作的一个例子示于 5.3.5 节的图 5.24。初次 TM 握手之后，每个台站的 TM 实体在台站交换语音或数据业务时继续监视信道。它必须准备好重新协商通信参数，或在一收到 TM PDU 时放弃链路。在使用了 HDL 或 LDL 协议为分组业务建立的通信链路上，用户进程可以终止该数据链路传送，并在任一方向使用下一个数据链路发送时隙（即用于发送 xDL_DATA 或 xDL_ACK PDU 的时隙），来发送 TM_TERM PDU。这意味着，当数据链路传输正在进行时，每个台站正试图解调和接收由 BW2、BW3 或 BW4 传送的数据链路信令，它们也必须同时尝试解调由 BW1 波形传送的 TM_TERM PDU。同样，在电路链路上，当台站不发送信令的任何时候每个台站必须尝试检测和解调由 BW1 波形传送的 TM_TERM PDU。

除了为链路选择业务模式，TM 协议还为 HDL 和 LDL 协议建立时间同步。点对点分组链路的 TM 阶段被认为是在 RLSU 时隙结束时开始，LSU_COMMENCE PDU 在该时隙被发送。因为仅执行一个双向 TM 握手，两个台站不可能估计它们之间的传播延迟。相反，在每个方向上，TM 握手信令被用来为在该方向上所有后续的信令建立定时。在前向方向，第一个 xDL_DATA PDU 在 TM_REQUEST PDU 发送后一个固定的时间间隔内（作为先验两个台站已知）被发送。同样地，在反方向，第一个 xDL_ACK PDU 在 TM_CONFIRM PDU 发送后一个固定的时间间隔内被发送。

5.5 数据传输

3G 数据链路协议的作用是经短波链路尽可能有效地从源地址到目的地址传送数据有效载荷或数据报。3G 数据链路协议的重点是无差错的数据传输，因为 MIL-STD-188-110 单音波形和 2G 未确认的数据链路协议在可以容忍有错误的传输的情况下可供使用。3G 协议都使用 ARQ 技术来尽可能远地传送无差错的有效载荷数据。这需要双向通信，目的节点向源节点报告该无差错的消息已被接收到。一般的方法是将数据消息划分成若干帧或分组，用较强的 CRC 码保护每一帧，以使得整个帧一被接收就可以被检查错误。如果检测到错误，从目的节点向源节点发送重传请求，请求重复上一次的传输。如果接收到无差错帧，从目的节点向源节点发送继续下一个帧或分组的请求。存在许多 ARQ 技术，但为了沿通信链路无差错传达数据，对上述技术都做了改动。

5.5.1 3G 数据链路协议: 一种新的方法

如第 3 章所述，短波信道和相关的无线电系统对无差错数据传输的目标提出了一系列挑战。

- 短波传播是一个显著因素。ALE 系统必须确定一个信道，它能在链路两个方向上提供足够的通信。
- 短波信道特征（包括接收到的信噪比）的可变性使得无线调制解调器参数的选择变困难。如果选定的调制解调器波形没有稳健到能容忍信道接收到的 SNR、多径扩展或多普勒扩展，则数据将不能被无差错传输。如果选择的调制解调器模式太保守（相对于短波信道条件），数据将被无差错传输，但传输速率比能够持续无差错所需的速率低，从而降低整个系统的性能。
- 短波系统的链路周转时间在数据链路协议的性能中也起着显著作用，

正如在第 3 章讨论的。短波数据调制解调器使用编码和交织来解决短波信道的短期衰落和干扰问题。这导致了在波形接收和需要由 CRC 码检验的数据比特的可用性之间存在处理延迟。此外，还需要有一个固定的时间使短波无线电设备从接收过渡到发送，为的是将 ACK 消息发送回到目的节点。

- 考虑到短波信道的可变性，数据链路协议必须能够承受传输完全的损耗，无论是前向数据传输还是返回 ACK 传输。这种情况因为一些尝试改变比特速率和交织器深度等无线调制解调器参数以匹配信道变化的数据链路协议而变得更加糟糕，特别是 2G 协议。由于这些参数发生变化，无线传输的持续时间会改变。这会导致链路任意一端的协议状态混乱。

为了解决这些问题，开发了一套新的 ARQ 数据链路协议，作为 3G 标准的一部分。这些新的协议包括低延迟的数据链路协议 LDL，高吞吐量的数据链路协议 HDL，和具有更高性能的协议 HDL+（发音为 "HDL plus"）。

这些新标准在 ACK 信令中使用了稳健的突发波形（在前面 5.2 节描述）。这些波形被专门设计成稳健的、持续时间短的波形，减少了丢失 ACK 信号的可能。

显然，这些新标准通过应用代码结合或 II 型混合 ARQ 系统的概念来应对短波信道的可变性。在这些系统中，使用常见的无线调制方法；LDL 使用 Walsh 正交调制的变型，提供最高 600b/s 的未编码速比特率，而 HDL 使用 4800b/s 更高速率的均衡短波数据调制解调器的变型。HDL+（NATO 标准化的候选者）是这些方法的变型，使用能提供高达 12800b/s（未编码）的数据传输速率的 STANAG 4539 波形（3.2.3 节）。

在这些 II 型混合 ARQ 系统中，每次前向传输携带卷积前向纠错码的不同相位或不同输出。每次接收时，由调制解调器的均衡器计算出的软判决指标与那些先前接收到的指标相结合，并尝试解码。从某种意义上说，不是无线比特速率正在被调整来尝试并匹配当前信道将支持的速率，而是有效的前向纠错编码速率。例如，如果初次接收无差错地被解码，有效编码率是 1。如果需要两次接收，有效编码率将是 1/2。如果需要三次接收，有效编码率将是 1/3，依此类推。在这种方法中，所有接收到的信息被用于帮助解码该分组。

在更传统的方法中，如果收到的数据分组有错误，所有的信息将被丢弃，并开始尝试另一次接收，而没有用到先前接收的数据。例如，X 字节的一个分组可能已被接收到，只有一个或两个错误。为什么要舍弃这个信息的全部？

这种方法还有另一个好处：因为每次前向传输调制方法都不会调整，所有的传输时间是相同的，并且这两个台站知道何时预计信号开始接收。这大大减少了当传输的一部分因衰落而丢失时协议的混乱，这混乱可能在 2G 数据链路协议（第 3 章）中产生。

稳健的突发信令、Ⅱ 型 ARQ 方法的性能改进和相应的固定传输时间的组合导致了一组 3G 数据链路协议，它们比 2G 自适应数据速率协议在性能上有显著的提升。

有一个与Ⅱ型 ARQ 方法相关的额外的性能增益。有效调整前向纠错码速率的方法产生了一个能更容易跟踪短波信道变化的系统，尤其在和 2G 数据链路协议相比时（5.5.5.1 节）。

5.5.2　LDL：低延迟数据链路协议

低延迟数据链路协议（LDL）是停止和等待 ARQ 协议（3.3.1 节），它提供了数据报通过已经建立好的短波链路从发送台站到接收台站的经确认可靠的点对点传送。传递到 LDL 协议实体要传送的数据报是一段高达 16384000 个 8bit 数据字节的有序序列。在所有的数据报长度为一般到极差的短波信道条件下和短数据报的所有信道条件下，LDL 协议与高吞吐量数据链路协议比能提供更好的性能。

流量管理配置数据链路连接包括 LDL 将被使用的事实（而不是 HDL 或其他数据链路协议），以及数据链路传输的精确时间同步。配置好后，LDL 数据传输开始。

LDL 数据传输中，发送台站和接收台站以图 5.37 所描绘的方式交替传输，发送台站发送包含有效载荷数据分组的 LDL_DATA PDU，接收台站发送 LDL_ACK PDU，每个都含有对在之前 LDL_DATA PDU 中的数据分组是否无差错被接收的确认。如果任意一个台站未能在预期的时间接收到 PDU，它同时又发送它自己下一个传出的 PDU，就好像传入的 PDU 已成功收到。传送 LDL_DATA、LDL_ACK 和 LDL_EOM PDU 的突发波形何时可以被发送由业务建立阶段建立的初始数据链路定时精确地确定。这些关键的特征显著增加了在富有挑战性的短波信道条件下 LDL 数据报传输的鲁棒性。

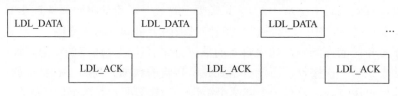

图 5.37　LDL 数据传输概述

当发送台站在数据报传送中已经发送了包含所有有效载荷数据的 LDL_DATA PDU，并且接收台站无差错地接收到这些数据并已经确认成功传送时，数据传输结束。当发送台站收到一个表明该数据报的全部内容已被成功传送的 LDL_ACK PDU 时，它在 LDL_DATA PDU 的持续时间内尽可能多地重复发送 LDL_EOM PDU，从它本来要发送下一个 LDL_DATA PDU 的时候开始；这向接收台站表明该数据传输将被终止。链路终止场景如图 5.38 描述。

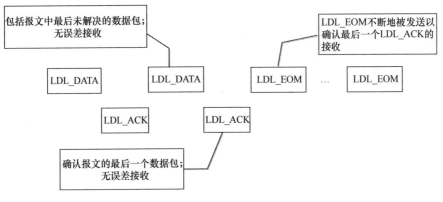

图 5.38　LDL 链路终止场景概述

5.5.2.1　LDL PDU

图 5.39 描述了 LDL PDU 的格式和内容。每个 LDL_DATA PDU 携带：有效载荷数据构成的单个数据分组（用户数据 $N×32$ 字节（八位字节），其中 N 的范围为 $1～16$），随后是 17bit 的序列号和由 LDL 协议添加的 8bit 控制字段（现未用）。在业务建立阶段，用户进程确定每个 LDL_DATA PDU 中数据字节的数量以便有效地传送用户数据，每当整个数据报足够短可以被缩短的 PDU 容纳时缩短 LDL_DATA PDU。一旦被确定，用于当前数据报传送的每个 LDL_DATA PDU 中数据字节的数量传送给在业务建立序列中接收台站。此后，每个被发送的 LDL_DATA PDU 包含相同数量的数据字节直到整个数据报已被传送。

LDL_ACK PDU 被接收台站用于向发送台站传送数据确认。每个 LDL_ACK PDU 包含对于在反方向上发送的上一个 LDL_DATA PDU 的确认；ACK 比特字段的单比特确认了 LDL_DATA PDU 中的单个数据分组。当接收台站确定已无差错地接收到数据报所有的内容时，数据链路传输结束，此时设置完整报文接收位。该 LDL_ACK PDU 使用非常稳健的 BW4 波形传输。由于这个波形的稳健性，PDU 不包含 CRC。

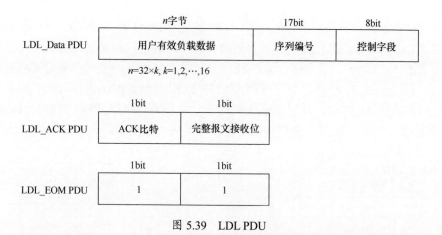

图 5.39 LDL PDU

当发送台站收到一个表明整个用户数据报已被无差错地传送到接收台站的无错误的 LDL_ACK PDU 时，LDL_EOM PDU 在前向方向代替 LDL_DATA PDU 被发送。该 PDU 也使用 BW4 波形传输。LDL_EOM PDU 通过情境和 LDL_ACK PDU 区分：在 LDL 传输的前向方向上的任何 BW4 传输都是 LDL_EOM PDU。

5.5.2.2 LDL ARQ 处理

图 5.40 描述了 LDL_DATA PDU 被并入 BW3 突发波形传输的方式。LDL_DATA PDU 通过附加给它的 32 位 CRC 和随后的由 7 个 0 比特组成的编码器冲洗序列被扩展。所得的数据序列被 FEC 编码，使用的是 1/2 速率的卷积编码器。编码器对于每个输入比特产生两个输出比特 $Bitout_0$ 和 $Bitout_1$。因为每个分组被编码，来自每个编码器输出的比特被累加到一个块，产生已编码比特的两个块 $EBlk_0$ 和 $EBlk_1$。每次一个数据分组在 LDL_DATA PDU 中被发送时，只有来自该分组的已编码比特的两个块中的一个被发送，第一次从 $EBlk_0$ 开始（该分组的初始内容可以用被无差错接收的已编码比特的任意单个块来恢复）。每次数据分组不能无差错地被解码，必须重传时，不同的已编码比特块被发送；按照 $EBlk_0$，$EBlk_1$，$EBlk_0$，$EBlk_1$，…的顺序发送。每个分组的连续传输中，对应分组的已编码比特的不同块的传输，提供了可以在解码分组中使用的其他信息。

已编码比特的序列被交织，使用类似于 MIL-STD-188-110C 用的卷积分组交织器。然后调制交织后的比特序列，其调制过程类似于 75b/s 的 MIL-STD-188-110C 串音波形调制（在 3.2.2.2 节中描述）。这导致了一个 16 进制的正交 Walsh 帧的序列，每个帧由 16 个 PSK 符号组成，每个 16 进制 Walsh 帧代表从交织器中读取的 4 个已编码比特的值。

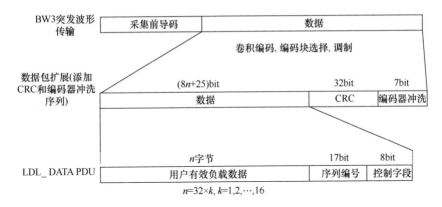

图 5.40　LDL_DATA PDU 的 BW3 编码和调制

640 个 8 进制 PSK 符号的采集前导码被前置到 Walsh 帧序列的开头。该前导码被用于初始信道估计，频率偏移估计和精细时间对准同步，以便最大化使用出现的任何多径。前导码不需要用于粗同步，因为一旦业务建立握手用于建立数据链路定时，每个 BW3 传输的到达时间是已知的。

5.5.3　高吞吐量数据链路协议

高吞吐量数据链路协议（HDL）是一种选择性重复 ARQ 协议，用于提供数据报通过已经建立好的短波链路从发送台站到接收台站的经确认的点对点传送。传递给 HDL 用于传送的数据报是一段多达 7634944 个 8bit 数据字节（八位字节）的有序序列。HDL 协议最适合在良好到一般的短波信道条件下传送相对大的数据报。相比之下，前面所述的低延迟数据链路协议在所有的数据报长度为一般到很差的短波信道条件下和短数据报的所有信道条件下都能提供更好的性能。

台站已经在业务建立阶段建立了数据链路连接后，HDL 数据传输开始。这就决定了 HDL 将被使用（而不是 LDL 或一些其他机制），在每个 HDL_DATA PDU 中要发送的数据分组的数量，以及数据链路传输的精确时间同步。

在 HDL 数据传输中，发送台站和接收台站以图 5.41 描述的方式交替传输；发送台站发送含有有效载荷数据分组的 HDL_DATA PDU，接收台站发送包含对在之前的 HDL_DATA PDU 中无差错接收的数据分组的确认的 HDL_ACK PDU。如果任意一个台站未能在预期的时间接收到 PDU，它同时发送它自己下一个传出的 PDU，就好像传入的 PDU 已成功收到。传送 HDL_DATA、HDL_ACK 和 HDL_EOM PDU 的突发波形何时可以被发送由链路建立（在 FLSU 中）或业务建立（在 RLSU 中）阶段建立的初始数据链路定时精确地确定。

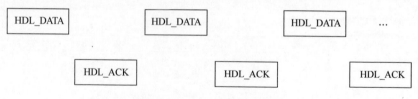

图 5.41　HDL 数据传输概述

当发送台站在数据报传送中已经发送了包含所有有效载荷数据的 HDL_DATA PDU，并且接收台站无差错地接收到这些数据并已经确认成功传送时，数据传输结束。当发送台站收到一个表明该数据报的全部内容已被成功传送的 HDL_ACK PDU 时，它在 HDL_DATA PDU 的持续时间内尽可能多地重复发送 HDL_EOM PDU，从它本来要发送下一个 HDL_DATA PDU 的时候开始，以向接收台站表明该数据传输将被终止。链接终止场景如图 5.42 描述。

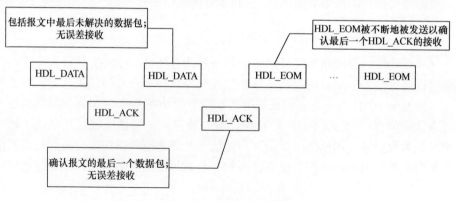

图 5.42　HDL 链路终止场景概述

5.5.3.1　HDL PDU

图 5.43 描述了 HDL PDU 的内容和格式。每个 HDL_DATA PDU 是 24、12、6 或 3 个数据分组的序列，其中每个分组由有效载荷数据的 1881bit 组成（用户数据 1864bit，加上一个由该协议添加的 17bit 序列）。在链路/业务建立阶段，会话管理器过程确定每个 HDL_DATA PDU 中数据分组的数量，以便有效地传送用户数据，每当整个数据报足够短能纳入缩短的 PDU 时缩短 HDL_DATA PDU。一旦被确定，当前数据报传送的每个 HDL_DATA PDU 中数据分组的数量传送给在链路/业务建立序列中的接收台站。此后，每个 HDL_DATA PDU 包含相同数量的数据分组直到整个数据报已被传送。每个

HDL_DATA PDU 都通过 BW2 波形传送；5.2.4 节详细描述了 BW2 过程。

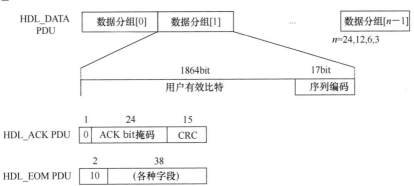

图 5.43　HDL PDUs

HDL_ACK PDU 用于从接收台站传达数据确认至发送台站。每个 HDL_ACK PDU 包含了对在反方向上发送的上一个 HDL_DATA PDU 的确认；比特掩码字段中每个比特确认了 HDL_DATA PDU 中对应的单个数据分组。HDL_ACK PDU 内容由一个 16bit 的 CRC 保护。

当发送台站无差错接收到表明整个用户数据报已被无错误地传送到接收台站的 HDL_ACK PDU 时，HDL_EOM PDU 代替 HDL_DATA PDU 在前向方向被传送。

BW1 用于传输 HDL_ACK 和 HDL_EOM 两种 PDU。每个 PDU 的开头的标记比特用于区分这 2 种 PDU。

5.5.3.2　HDL ARQ 处理

图 5.44 描述了 HDL_DATA PDU 被纳入 BW2 突发波形传输的方式。HDL_DATA PDU 中每个数据分组通过附加给它的 32 位 CRC 和随后的 7 个 0 比特的编码器刷新序列被扩展。采用 1/4 速率的卷积编码器对扩展分组所得的序列进行 FEC 编码。编码器对于每个输入比特产生 4 个输出比特，$Bitout_0$，…，$Bitout_3$。因为每个分组都被编码，来自每个编码器输出的比特被累加到一个块，产生 4 个已编码比特块 $EBlk_0$，…，$EBlk_3$。每次数据分组在 HDL_DATA PDU 中被发送时，分组中已编码比特的 4 个块只有一个被发送，第一次从 $EBlk_0$ 开始（该分组的初始内容可以从无差错接收到的已编码比特的任意单个块中恢复。）每次数据分组不能被无差错解码并且必须重新传输时，已编码比特的不同块被传输；块传输的顺序是 $EBlk_0$，$EBlk_1$，$EBlk_2$，$EBlk_3$，$EBlk_0$，…。在分组的连续传输中，每个分组已编码比特不同块的传输，提供了可以用于解码分组的其他信息。

已编码比特的序列被调制，使用类似于 4800b/s 的 110A 串音波形的调制过程。这导致了未知/已知符号帧的序列，每帧由 32 个未知的符号（每个帧携带 3bit 的 8 进制 PSK 符号，格雷编码）和随后的 16 个已知符号构成。TLC/AGC 保护序列和用于初始均衡器训练的 64 个已知符号序列被前置到帧序列的开头。注意，BW2 波形不需要采集前导码，因为一旦链路/业务建立握手用于建立数据链路定时，每次 BW2 传输准确的到达时间是已知的。

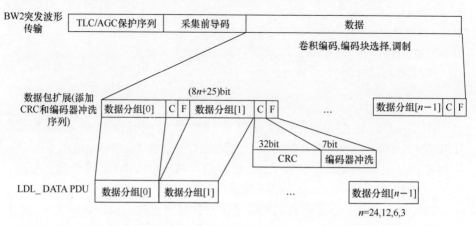

图 5.44　HDL_DATA PDU 的 BW2 编码和调制

5.5.4　HDL+数据链路协议

HDL+数据链路协议将类似于 STANAG 4539 或 MIL-STD-188-110C 附录 C 中波形的高数据速率波形和类似于 STANAG 4538LDL 和 HDL 协议使用的增量冗余（II 型混合 ARQ）技术相结合。其结果是，它实现了在多种条件下出色的数据传输吞吐率，以及在 3 kHz 信道高信噪比高斯噪声条件下每秒高达 10000bit 的速率。和获批的 STANAG 4538 版本 1 中 LDL 和 HDL 协议一起，HDL+被设计为纳入 STANAG 4538 协议框架；发起数据传输的台站在初始链路建立或流量管理握手中宣布 LDL、HDL 和 HDL+中哪个将被用于随后的数据传输。

尽管已经提出把 HDL+纳入 STANAG 4538，但在写本书时它还没有被标准化，虽然它已经在一个知名制造商的无线电设备中实现并广泛应用。出于这个原因，在这一节 HDL+的讨论中技术细节将比介绍 LDL 和 HDL 的章节中的要少。

5.5.4.1　背景和动机

随着 MIL-STD-188-110B 附录 C 和 STANAG 4539 中较高数据速率的波形

出现，希望在 3G 协议家族中也提供类似的数据速率和因此得到的增加的潜在吞吐量。HDL 前向传输的 8-PSK 信号星座图和 32/16 个未知/已知帧的格式限制它即使没有编码也难达到 4800b/s 的有效数据速率，而 110B 的 64-QAM 星座图可能达到 9600b/s。与此同时，对短波的 TCP/IP 传送能力日益增长的渴望（包括 TCP 和 UDP）将注意力集中在 HDL 协议中导致 IP 业务的传送效率低下的设计特点上：不灵活的传输格式和短小有效载荷传送时大量的开销，这对于如 TCP ACK 的信令和如 SMTP 有众多交换的"繁琐"应用协议特别繁重。HDL+的设计是专门为了消除这些限制，同时保留 LDL 和 HDL 使用的 3G 式稳健突发波形和 II 混合 ARQ 技术带来的稳健性和吞吐量的优势。

5.5.4.2　设计概述

HDL+是一个自适应协议，使用各种编码速率和信号格式来尝试在不同信道条件下获得可能的最佳吞吐量。

- 在最高速率的格式中，64-QAM 信号星座图与 1/2 速率，K=7 的卷积码相结合；然而，分组的每次传输只包含代码的两个编码阶段之一，使这成为代码组合增量冗余技术的一个应用。
- 在较低的速率，同样的 1/2 速率码被穿刺成 3/4 的速率，已编码的符号使用信号星座图 64-QAM、16-QAM、8PSK、QPSK 或 BPSK 调制。连续传输包含相同的代码符号；采用的增量冗余形式是多样性组合，而不是代码组合。
- 在最低速率的格式中，代码使用 1/2 速率，而不是穿刺成 3/4 速率，使用的信号星座图是 BPSK。

HDL+内这种信号星座图的分类使用使得该协议在宽范围的信道条件尤其是 SNR 条件下得以有效使用。每个数据链路确认 PDU 包含接收节点用之前接收到的前向传输所估计的 SNR 和多普勒扩展，提供给发送者可以用来相应地调整下一次前向传输的信令格式的信息。

在 HDL 中，每个数据链路传输的整个持续时间中使用一个固定的前向传输长度导致效率低下，特别是在传输结束时一个较短的前向传输可能已足以传送有效载荷数据报的剩余部分。HDL+通过使前向传输长度从 1～15 个数据分组可变解决了这个问题。

HDL+使用两个数据分组尺寸：280 和 568 个字节。所得的前向传输持续时间取决于信令格式，对于 1/2 速率 BPSK 格式的 568 个字节的数据分组可高达 64.8s。典型的 15 个分组前向传输的持续时间范围为 7～25s。

HDL+前向传输可变的长度和调制格式，使得有必要在每次 HDL+前向传输的开头包括一个报头，这在 LDL 和 HDL 中没有必要。关于这个报头，

HDL+的设计包括一个新的稳健脉冲波形的定义 BW6，其有效载荷为 51bit，无线传输的持续时间为 386.67ms。每次前向传输开头的 BW6 报头宣布了接下来传输的有效载荷部分采用的分组数量和调制格式。 BW6 还用于确认和与HDL+相关的其他协议信令。由于该突发波形的数据速率高于 STANAG 4538 FLSU 协议中使用的 BW5 突发波形，HDL+低信噪比下的可用性受限于该突发波形格式稍微降低的鲁棒性（在较低的 SNR 条件下，LDL 和 HDL 协议仍可用）。但是，HDL+协议设计的最小开销允许它在良性信道条件下达到超过10000b/s 的最大吞吐量，尽管在典型天波信道上获得的吞吐量通常更低。

5.5.4.3 HDL+的状态

HDL+被设计纳入 STANAG 4538 第 2 版，并提出将其并入到该标准中。然而，对该技术包含的知识产权的分歧——哈里斯公司持有的一项专利——已排除这个协议标准化的可能性。其结果是，HDL+只在哈里斯公司 Falcon II 产品系列中的短波无线电产品中可用，并已证实其相当有用。希望这种僵局能够解决，以使 HDL+协议的好处得以更广泛地应用。

5.5.5　3G 链路性能

3G 数据链路协议在整个发展过程中，其在仿真和真实世界两种条件下的性能已被广泛表征。因为在真实世界的条件下获得重复的结果有难度，大部分这种测试已在仿真信道下完成——特别是沃特森模型的那些测试。最常见的仿真信道条件是 ITU-R Rec.F.1487 定义的高斯和中纬度干扰信道条件。在调制解调器设计中，这两个信道条件往往被认为足以验证其设计概念或一个新波形的实现；所以很自然地想以同样的方式利用他们验证数据链路协议的设计概念和实现。然而，这本身是不够的；有必要将对在传送无线电系统的操作中沿真实世界的信道可能遇到的有代表性的那些频率和链路距离的测试结果补充到仿真信道测试中，并且最好能以得出不同的协议或实现方案之间信息的并行性能比较的方式。这样做以便于（例如）3G 数据链路协议的性能与 2G 数据链路协议如 FED-STD-1052 或 STANAG 5066 比较。在下面报告的性能测试中，这通常通过保持频率、天线特性、功率水平等因素恒定时测试一个协议，然后测试另一个协议的交替方式来实现。

为了与短波越来越广泛地用来传送数据消息如短波电子邮件保持一致，许多的性能测试场景都关注消息的传送：通常长度为 500B、5000B 或 50000B 的有限字节序列。报告这些测试结果使用的性能指标通常是吞吐量：以比特为单位的传送消息的大小除以以秒为单位的传送时间。在这样的计算中，准确定义什么是传送时间很重要：它是否包括初始链路建立或业务建立，或表明该数据链路传输完成的一个或多个终止 PDU。

最近，IP 数据分组业务的传送已日趋重要，需要开发一套新的测试方法，旨在确定 3G 协议作为 IP 通信承担者的性能以及这些性能级别对应用层协议和应用本身功能的影响。

5.5.5.1　LDL 和 HDL 性能

数据链路协议的性能通常以每秒多少比特的平均吞吐量来定义和衡量。获得的吞吐量取决于许多因素，包括长期和短期两种短波信道条件，以及数据报的大小。协议参数（可以由用户选择或自动调整）在决定吞吐量时也可以起很大作用。这些参数可包括调制解调器的传输速率、帧或分组的大小以及链路周转时间等。

HDL 和 LDL 协议的数据链路性能在本节中介绍。为了比较，本节中还介绍了第二代自适应数据速率的数据链路协议的实测性能，即美国联邦标准 1052 数据链路协议（1052）。联邦标准 1052 采用 MIL-STD-188-110A 串音调制解调波形。当协议根据短波信道条件调整数据速率和交织器设置时，调制解调器的自适应能力被广泛使用。

下面的图中给出的吞吐率占据了 RLSU 成功完成后在业务频率上花费的所有时间，包括 TM 握手时间和消息传递的时间。对于 HDL 和 LDL，业务建立的时间基于 BW1 握手。在 1052 的情况中，包括了数据链路自身的握手时间，而不是 BW1 握手时间。

图 5.45～图 5.50 展示了 HDL 和 LDL 在仿真信道条件下测量的吞吐量性

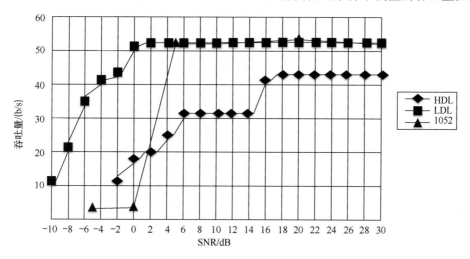

图 5.45　AWGN 信道，50 字节的消息（来源：文献[8]）

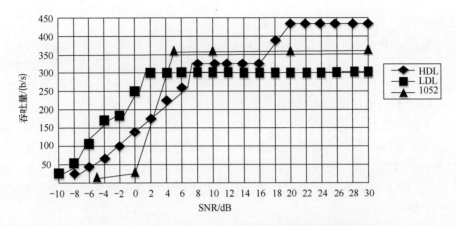

图 5.46　AWGN 信道，500 字节的消息（来源：文献[8]）

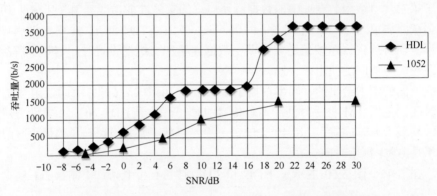

图 5.47　AWGN 信道，50 千字节的消息（来源：文献[8]）

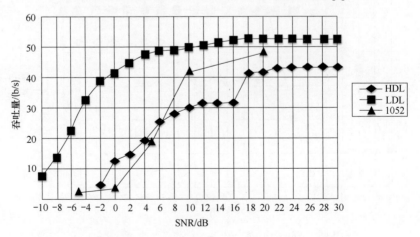

图 5.48　MLD 信道，50 字节的消息（来源：文献[8]）

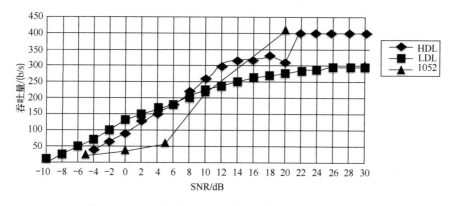

图 5.49 MLD 信道，500 字节的消息（来源：文献[8]）

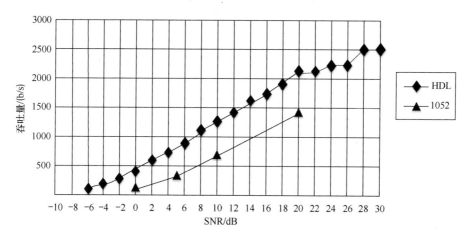

图 5.50 MLD 信道，50 千字节的消息（来源：文献[8]）

能，并就传输 50 字节、500 字节和 50000 字节文件的性能与 1052 进行了比较。给出了 AWGN 和中纬度干扰（MLD）短波信道条件下每个数据链路协议的性能。AWGN 指具有加性高斯噪声的单条非衰落路径。中纬度干扰是指双衰落路径，有 2ms 的分离时间，每个路径具有 1Hz 的双差衰落带宽。

对于大文件，1052 采用了双向呼叫应答握手和链路终止作为文件传输的一部分，因此能更好地比较各项技术。还要注意的是 1052 用户选择的前向比特率设置对于较小的文件可以偏置其指定的吞吐量。较高的初始比特率设置在低信噪比条件下有助于提高信噪比，以降低吞吐量为代价。这里提出的 1052 数据使用 1200b/s 作为初始前向比特率设置。最后，任意系统的整体性能受呼叫建立和业务建立机制，以及数据链路协议的影响。独立比较数据链路协议的性能是困难的，因为数据链路协议在系统整体的性能中不总是作为限制因素。

将 HDL 与 LDL 进行比较，可以得到一些有趣的观察结果。为了在一般到良好的信道条件下更高的吞吐量，HDL 已被优化。为了在恶劣到一般的信道条件下更好的操作，LDL 通过其基本波形的选择已被优化。LDL 的正交 Walsh 信令允许其在 SNR 较低时比 HDL 的 8 进制 PSK 信令具备更好的吞吐量性能。此外，LDL 操作小的消息性能更好，因为它在传输小消息时比 HDL 开销更小。作为一个选择性重复 ARQ 协议，HDL 对于较大的文件其协议开销较小，因为它具备更好的前向与后向信道传输时间比。因此，在大文件吞吐量曲线高的一端，HDL 更高效。

明白这一点很重要：在介绍的所有情况下，HDL 或者 LDL 提供的吞吐量性能至少与 1052 大致相等；在许多情况下，HDL 或 LDL 的性能明显优越。在许多情况下，HDL 或 LDL 在低得多的 SNR 条件下能实现与 FS-1052 相等的吞吐量性能。这一事实允许在无线电发射功率大幅减少的情况下，数据传输拥有与 1052 等效的吞吐量性能。此外，良好的 SNR 条件下，HDL 比 1052 能传输高得多的吞吐量。

5.5.5.2 HDL+性能

顾名思义，HDL+设计的部分初衷是作为 HDL 的改良版，使用那些受 MIL-STD-188-110B 附录 C 波形的启发得到的新的信令格式，来提供高得多的传输吞吐量。出于这个原因，许多 HDL+的吞吐量性能数据从与 HDL 比较的角度来展现。

本节将介绍 HDL 和 HDL+在由张伯伦最早提出的各种测试条件下的仿真结果。性能结果显示用于提议的 STANAG 4538 数据链路协议增强版的软件仿真模型。所有 STANAG 4538 的结果都测量了该协议的吞吐量，包括一个双向信道建立和链路终止。HDL+吞吐量的测量不包括链路建立的时间，因为它不是每次交换都需要。

仿真使用短波信道仿真器的软件模型，它最初已经由 NATO 技术工作组在稳健的短波波形上确认使用。这个仿真器执行 Furman 和 Nieto 提出的每条建议。

展示了两个不同的短波信道条件下的结果。AWGN 指具有加性白高斯噪声的单一非衰落路径。ITU-MLD 指由 ITU-R Recommendation F.1487 所定义的中纬度干扰信道条件，具有双衰落路径，分隔 2ms，每条路径有 1Hz 的衰落带宽。所有的仿真包括 3kHz 的发射和接收无线电滤波器的影响。

这些仿真利用 128 个分组的最大前向传输，而不是前面提到的 15 个分组。这代表一个 HDL+协议得到的性能上限。限制前向传输在 15 个分组对 5000 字节的消息有效载荷性能几乎没有不利影响，并且对 50000 字节的性能只有很小的影响。这样减少的好处是战术应用中所需的存储器和相关的节电设备显著降低。此外，该协议对中断等外部因素更敏感。

　　图 5.51 展示了 HDL 和 HDL+在 AWGN 信道条件下传输 5000 字节的消息有效载荷的仿真性能的结果。由此我们可以看出，HDL+传输在 SNR 从 10～30dB 整个范围内拥有一流的数据吞吐量，在 HDL 性能达到最大的 18dB 点之后 HDL+获得显著的增益。

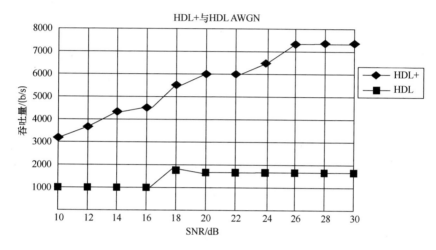

图 5.51　HDL/HDL+ 比较 5000 字节 AWGN（© 2003 IET 经过文献[11]允许转载）

　　图 5.52 显示了在 ITU-MLD 信道中传输 5000 字节消息的情况下的类似比较。我们再次看到 HDL+提供的吞吐量的显著增益。

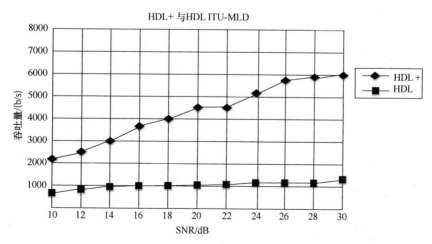

图 5.52　HDL/HDL+ 比较 5000 字节 ITU-MLD（© 2003 IET 经过文献[11]允许转载）

图 5.53 和 5.54 显示 HDL 和 HDL+在 AWGN 和 ITU-MLD 的信道条件下传输 50000 字节的消息有效载荷时吞吐量的比较。

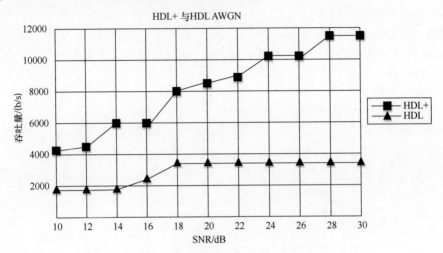

图 5.53　HDL/HDL+ 比较 50000 字节 AWGN（© 2003 IET 经过文献[11]允许转载）

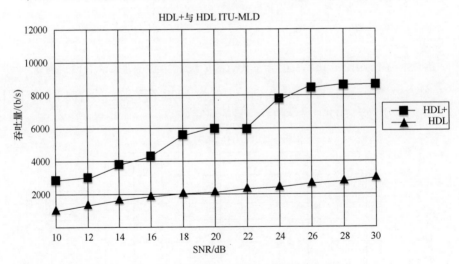

图 5.54　HDL/HDL+ 比较 50000 字节 ITU-MLD（© 2003 IET 经过文献[11]允许转载）

审查 50000 字节的消息有效载荷的传输结果时，我们可以看到，在 AWGN 信道条件下 HDL+吞吐量接近 12000b/s，在 ITU-MLD 信道条件下吞吐量接近 9000b/s。

这些结果足以表明使 HDL+与 HDL 区分开的设计特点给 HDL+性能带来了很大的改进。然而，这里提供的数据实际上低估了 HDL+在现实世界的短波链路上可能表现出的性能优势，特别是在和诸如 STANAG 5066 的 2G 数据链路协议作比较时。Batts 等人已经展示了短波范围内的天波电离层路径在几秒钟到几分钟的中期和长期时间段内的 SNR 变化，这在沃特森信道模型中并未体现（至少不常用），但确实对数据链路协议的性能有着显著影响；第 2 章描述了这类 SNR 变化的测量和建模方法。但是此处，我们可以看到这些中期变化和长期变化现象如何影响 2G 协议（STANAG 5066）和 3G 协议（HDL+）这两个数据链路协议之间的性能比较。

　　图 5.55 提供在高斯噪声信道条件下 HDL+和 STANAG 5066 之间吞吐量的比较。由此可以看出，这种情况下 HDL+的吞吐量优势并不明显，似乎在 SNR 大约为 16dB 时完全消失。在如图 5.56 所示的存在衰落和多径现象的中纬度干扰信道上，HDL+的性能优势更加明显：相当平稳的 2～3dB 或更多。图 5.57 把基于从纽约罗切斯特到佛罗里达州墨尔本的天波路径测得的特性得到的中期和长期 SNR 变化特征添加到仿真信道行为中；在这里，HDL+的性能优势相当明显。

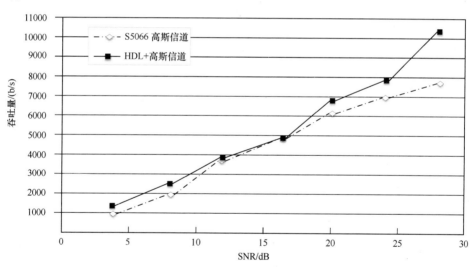

图 5.55　高斯信道条件下，HDL+与 S5066 吞吐量（© 2007 IEEE 经过文献[13]允许转载）

　　为了更好地理解中期信道变化（ITV）和长期信道变化（LTV）过程各自的效果，在平均信噪比为+20dB 时进行了额外的测试。在这里，ITV 和 LTV 以 dB 为单位的 SNR 标准偏移分别调节，每个的覆盖范围从 0～6dB，步进为 2dB。图 5.58 和图 5.59 的三维条形图绘制了这些 16 个平均吞吐量值。这两个图中的吞吐量数据已被归一化，只用了 HDL+在没有 ITV 和 LTV 的 ITU-MLD

信道上获得的吞吐量的最高值。

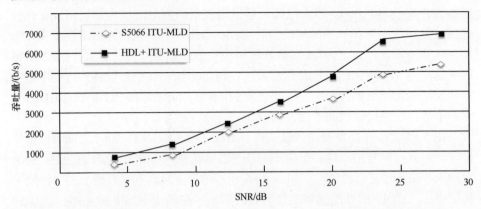

图 5.56 ITU-MLD 信道条件下，HDL+与 S5066 吞吐量（©2007 IEEE 经过文献[13]允许转载）

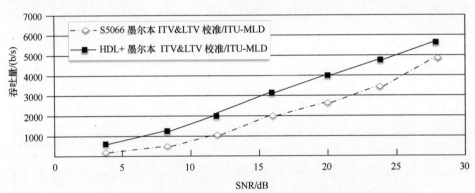

图 5.57 经墨尔本 070223 数据集 ITV 和 LTV 校准的 ITU-MLD 信道条件下，
HDL+与 S5066 吞吐量（©2007 IEEE 经过文献[13]允许转载）

　　将图 5.58 与图 5.59 进行比较，结果表明了 HDL+的吞吐量性能对于 ITV 或者 LTV 的相对不敏感性。这凸显了 II 型混合 ARQ 协议有效地适应变化的信道条件的能力。当 ITV 和 LTV 标准偏移值增加时吞吐量确实降低了，但即使是在 6dB ITV 和 6dB LTV 最坏的情况下，归一化的吞吐量仍然在 70％以上。图 5.56 中的数据表明，在没有 ITV 和 LTV 的情况下，S5066 获得比 HDL+低的吞吐量。其至从这个较低的起点起，由于 ITV 和 LTV 的加入 S5066 的吞吐量性能进一步下降，下降到一个 39％左右的较坏情况并且比 HDL+遭受更大的衰减。检查图 5.58 和图 5.59 时发现这两个协议相较于对时间常数为 180s 的 LTV 变化而言，对时间常数为 5.2s 的 ITV 变化更敏感。时间常数较长的 LTV，会产生缓慢的信道变化，使得这两个协议可以通过调整数据速率适应得相当好。

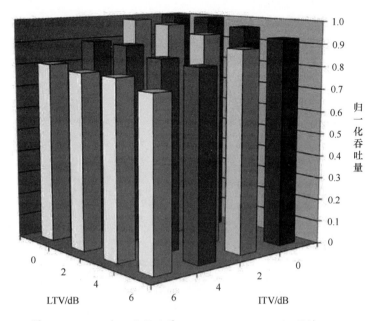

图 5.58 HDL+归一化吞吐量，ITU-R MLD，+20dB 平均 SNR
（© 2007 IEEE 经过文献[13]允许转载）

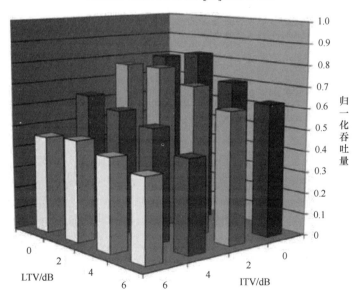

图 5.59 STANAG5066 归一化吞吐量（与 HDL+比较），ITU-R MLD，
+20dB 平均信噪比（© 2007 IEEE 经过文献[13]允许转载）

图 5.60 描述了在不同量的信道质量变化条件下 STANAG 5066 吞吐量与 HDL+吞吐量的比值。很显然信道质量变化对 STANAG 5066 吞吐量有更大的负面影响。

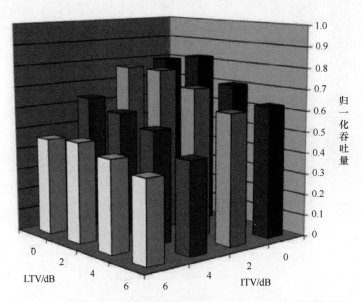

图 5.60　S5066/HDL+吞吐量比，ITU-R MLD，+20dB 平均信噪比

（© 2007 IEEE 经过文献[13]允许转载）

5.6　自动链路保持

自适应功能存在于整个 3G 协议套件中，包括链接建立前的自动信道选择，和分组传输时为了动态调整数据速率的代码组合 ARQ。然而在短波链路的使用过程中，干扰或路径损耗的增加可能压过通信协议应对信道变化的能力。在这种情况下，我们需要一种机制：当发现一个适合该链路的新频率时，短暂停顿，然后在不丢失连接的情况下以最小的干扰恢复通信。这是 ALM 协议的作用，只在 RLSU 建立的链路上使用。

5.6.1　ALM PDU

该协议采用稳健的 BW1 波形传达图 5.61 所示的 48bit 的 PDU。这些 PDU 包含的字段如下：

- 前三个比特被设置为"1 1 1"，表示 ALM 协议。

- 倒计时字段包含指定的变化生效之前 PDU 将被重新发送的次数。LM PDU 序列被连续发送，以包含一个倒计时值为 0 的 PDU 结束。LM PDU 重复次数的挑选是为了把 PDU 将被其他台（们）丢失的概率降低到可接受的水平。
- PDU 中的链路 ID 字段是从事该协议的台站地址的散列，和建立链路时使用的链路 ID 相同（5.3.5.1 节）。
- 信道字段指定当前信道组中的一个信道。

	3	1	5	5	6	5	7	16
LM_Probe	111	0	00000	00000	链路ID	00000	信道	CRC

	3	1	5	5	6	5	7	16
LM_Request	111	0	00000	00001	链路ID	00000	信道	CRC

	3	1	5	5	6	5	7	16
LM_Simplex	111	0	00010	倒计时	链路ID	00000	信道	CRC

	3	1	5	5	6	5	7	16
LM_Duplex	111	0	00011	倒计时	链路ID	00000	信道	CRC

	3	1	5	5	6	5	1	6	16
LM_WF_Ch	111	0	00101	倒计时	链路ID	00000	0	波形编号	CRC

	3	1	5	5	6	5	7	16
LM_Relink	111	0	11111	倒计时	链路ID	00000	1111111	CRC

	3	1	21	7	16
LM_Snap	111	1	前21个HDL确认比特	信道	CRC

图 5.61　ALM PDU

5.6.2　ALM 协议操作

ALM 包括使用这些 PDU 的一系列功能。定向返回到链路建立（使用 LM_Relink PDU）对于 ALM 的所有实现是强制性的。以下的可选功能也被定义：

- 在业务暂停期间候选替换频率的探测；

- 协调出发到合适的替换频率;
- 双工独立模式（即发送和接收有不同的频率）时频率的协商;
- 波形、数据速率和交织器的重新协商。

5.6.2.1 重新连接

在 PTP 链路上的任何一个台站（或在 PTM 链路上的主叫台站）可以通过发送 LM_Relink PDU（多个）返回到链路建立。逻辑链路上的所有台站将立即返回到扫描状态。然后，最初建立逻辑链路的台站将启动 LSU 重新建立链路。链路对这个 PDU 不做任何响应，只是简单地将其传递到每个接收台站的连接管理器程序。

5.6.2.2 双工链路协商

在业务信道上建立链路后的任何时间（包括通常用于业务建立的时间），台站都可以发送 LM_Duplex PDU 序列，这些序列指明了其他台站（们）向请求发起台站发送未来的传输时所要求使用的信道。除了倒计时字段，其他所有 LM_Duplex PDU 字段都是相同的。发送台站在改变之后将继续在其目前的业务信道上进行传输。

5.6.2.3 候选业务信道的探测

提供两种机制用于候选业务信道的探测：捕获探测和扩展探测。捕获探针可以根据响应台站的自由裁量权被扩展，如下所述。

1. 捕获探测协议

捕获探测对正在进行的 HDL 分组传输在最小干扰的情况下测量其候选业务信道。它由正在接收 ARQ 数据报的台站发起，返回 LM_Snap PDU 而不是 ACK PDU。LM_Snap PDU 包含 21bit 和一个信道号，该 21bit 可以最多取代预期 ACK PDU 中的 21 个 ACK 比特。接收到 LM_Snap PDU 的台站（响应台站）被预期调谐到指定的信道并发送 LM_Probe PDU。另一个台站（请求台站）同样调谐到指定的信道并测量探测 PDU 的信号质量。在探测被发送的那个时隙之后，两个台站都返回到原来的通信信道，所述请求台站将执行以下操作之一：

- 初始化到最近测量过的信道上;
- 发起扩展探测;
- 返回被 LM_Snap PDU 抢占的 ACK 信号,从而恢复中断的 ARQ 协议。

响应台站可以发送 LM_Request 代替 LM_Probe，开始扩展探测。

2. 扩展探测协议

扩展探测是一个开放式结尾的握手协议，可以快速地评估几个候选业务信道。它由点对点链路上的任意一个台站通过发送 LM_Request PDU 来启动，该

PDU 指定了一条待评估的业务信道。扩展探测期间，正在进行中的所有通信协议被暂停。扩展探测通过协商用于未来传输的业务信道而被终止。

3. 协调出发到新的业务信道

协调出发到新的业务信道上（多个），酌情采用了 LM_Simplex 和/或 LM_Duplex PDU 来指明发送台站将要监听通信的一个新频率。LM_Duplex PDU（多个）表明发送台站将继续在其当前发送频率上发送直到另一个频率协商好。LM_Simplex PDU（多个）表明发送台站将把它的发送频率以及接收频率改成 LM_Simplex PDU 所指示的频率。

如果发送台站改变其接收频率之后通过超时或其他方法检测到协议失败，它将执行重新连接协议，放弃其逻辑链路，并重新开始链路建立。

4. 波形的协商

LM_WF_Ch PDU 用于协商逻辑链路上将要采用的波形。波形编号字段值和 TM_Confirm PDU 中使用的波形编号相同（表 5.5）。

5.7　3G 多播

多播是向网络成员们的子网络高效传送业务的一项技术。它介于点对点技术和广播之间，并对有线网络、视距无线网络和短波网络提出了独特的挑战。远非仅仅出于好奇心，多播现在是从网络广播到战术网络中态势感知更新的传播等各种流行应用的基础。

3G 网络的多播协议在本书出版时还没有标准化，但其技术的发展已经足够成熟，可以在这里讨论。

5.7.1　简介

协议栈的任何一层提供多播时，都需要来自所有较低层的支持。在物理层，多播需要一个广播信道或者多个点对点链路。在更高的层次，我们关心的是有效寻址多播的目的台站;通信路由以便数据分组的冗余传输最小化，同时所有目的台站接收到所有数据分组的概率最大化;以及收集确认（当需要确认时）。

多播寻址方案分为类似于 2G ALE 中网络呼叫和组呼寻址的两类。在许多情况下，单个集合地址被分配给一个多播。这是因特网协议（版本 4 和版本 6），以及 3G ALE 所采取的方法。另一种方法是明确列出要接收业务的台站的地址。

有线网络中的多播路由用于形成连接多播源节点（多个）与所有目的节点的树形链路（为了效率）或网型链路（为了可靠性）。有线网络中的每个路由器通过沿其输出链路的正确子网中继传入的多播数据分组，实现计算得到的拓扑结构。与此相反，（视距）无线网络的多播路由需要确定哪些无线节点必须转播多播的数据分组，以确保所有期望的目的节点可以接收它们。短波天波链路可能覆盖全球，短波多播中可能根本不需要转播，尤其是如果多播源节点能够在多个频率上发送到近处和远处的台站。因此，对于短波多播的路由计算可能只需要确定多播将被发送的频率列表。

最后，当需要一个可靠的多播时，我们必须提供一个机制让多播目的节点确认消息的接收，或者要求重传丢失的或接收时有无法纠正的错误的数据分组。当一些台站必须在扩展时间内保持无线电沉默（EMCON）时，情况变得复杂。战术军事网络的这种常见要求（如 STANAG 4406）由 P_MUL 协议解决。

5.7.2　P_MUL

P_MUL 是供军用无线网络和类似用户使用而开发的一项可靠的应用层多播协议。P_MUL 在盟军通信出版物 142 中被标准化，它的开发是专门针对具有低带宽和延迟确认的网络应用（如在 EMCON 状态的台站）。

作为应用层协议，P_MUL 在多播网络中使用较低层的协议来发送其PDU。因为不允许处于 EMCON 的节点确认消息，所以它们无法使用如 TCP 的可靠传输协议来传播消息。因此，P_MUL 以使用如 UDP 的无连接传输协议为基础。

虽然 P_MUL 以无连接传输协议为基础，但是它向用户提供了可靠的面向连接的多播服务。它使接收机在 EMCON 的限制下仍能收到消息。它确保在接收机离开 EMCON 状态后，发射机被及时告知消息传输已完成，并且如果需要的话，确保那些不正确接收的任何消息被重传。

设想 P_MUL 将部署在几个节点到数百个节点大小的网络中。

5.7.2.1　P_MUL PDU

P_MUL 使用以下四个不同 PDU 进行数据传输：

- Address_PDU 标识消息接收者；
- Data_PDU 携带消息片段；
- Ack_PDU 确认消息接收；
- Discard_Message_PDU 终止特定消息的传输。

1. Address_PDU

P_MUL 发射机产生 Address_PDU 来宣布消息的预期接收者，并提供 Message_ID。这个 PDU 和 Ack_PDU 影响 P_MUL 分组的流量控制。由于 P_MUL 的 PDU 大小有界和 Destination_Entries 数量无界线，使用 PDU 中的 MAP 字段有可能将完整的寻址信息分裂成多个 Address_PDU。

2. Data_PDU

P_MUL 发射机产生 Data_PDU 来携带每个消息片段。这个 PDU 包括消息的唯一标识符，此 Data_PDU 在所有 Data_PDU 的有序集内的位置，以及一个全部消息的片段。

3. Ack_PDU

这个 PDU 是由接收节点确定告知发送节点接收到的一条或多条消息的状态而产生的。它携带一个或多个 Ack_Info_Entries。这些每一个都包含一个消息标识符（Source_ID 和与 Message_ID）和 Missing_Data_PDU_Seq_Numbers 的列表（那些尚未接收到的 Data_PDU 的列表）。如果此列表为空，则由 Source_ID 和与 Message_ID 标识的消息已经被正确接收。

4. Discard_Message_PDU

Discard_Message_PDU 由 P_MUL 发射机产生以告知接收节点某特定信息的传送已经终止，并且将不再发送该消息任何进一步的 PDU。硬件错误或信息过时的事件中可能出现这种情况。已经接收到的 PDU 将被接收节点丢弃。

5.7.2.2　P_MUL 协议操作

节点通过发送包含了所有将要接收消息的节点列表的 Address_PDU 启动消息的传输。必须由一个管理功能来告知发射节点每个接收节点的操作模式（即哪些接收节点处于 EMCON 状态）。基于此信息，发射节点创建一份非 EMCON 接收节点的列表，预期将从它们那接收 Ack_PDU。

发送 Address_PDU 之后，发射节点将发送 DATA_ PDU（多个）。发送完消息的最后一个 Data_PDU 之后，发射节点初始化发射机 Expiry_Time 定时器。如果一个或多个接收节点处于 EMCON 模式，则发射节点还初始化 EMCON 重传计数器（EMCON_RTC）。然后发射节点进入非 EMCON 或 EMCON 重传模式（如管理功能所指示）。

1. 发射机 Expiry_Time 定时器

发射机 Expiry_Time 定时器跟踪剩余的时间，直到消息被视为无效。其初始值在 Address_PDU 中公布。如果在 Address_PDU 中的所有接收节点在此定时器到期之前确认收到完整的消息，定时器就停止工作。

如果一个或多个接收节点在定时器到期时都没有确认收到完整的消息，发射节点将发送一个携带过期消息的 Message_ID 字段的 Discard_Message_PDU。

2. EMCON 重传计数器

EMCON 重传计数器（EMCON_RTC）表示在 EMCON 重传模式下，完整的消息可能被重传的最多次数。

3. 非 EMCON 重传模式

仅在至少一个接收节点处于非 EMCON 模式的情况下，发射节点进入此模式。在这种模式下，发射节点开启 Ack 重传定时器，并监听来自非 EMCON 接收节点的 Ack_PDU。当此定时器到期时，Address_PDU 先更新列出那些已经丢失 Data_PDU 的节点，发送节点然后重传所有仍然未经任何非 EMCON 节点确认的 Data_PDU。如果完整的消息没有被所有的非 EMCON 节点确认，确认重传定时器被重新启动，但其超时时间由于退避因子而增加。这种循环反复进行，直到所有的非 EMCON 接收节点都已经确认了完整的消息。如果有接收节点处于 EMCON 模式，发射节点将进入 EMCON 重发模式。

当发送节点从非 EMCON 或 EMCON 接收节点（离开 EMCON 后）接收到表明其已接收到完整的消息的 Ack_PDU 时，发送节点通过发送修正的 Address_PDU，即省略了那个接收节点地址，确认该 Ack_PDU。所有接收节点已经确认整个消息后，Destination_Entries 列表为空的 Address_PDU 被发送。

4. EMCON 重传

当任意接收节点处于 EMCON 模式时，发送节点可进入 EMCON 重传模式。一进入这种模式，发送节点初始化 EMCON 重传定时器（EMCON_RTI）。每次该定时器到期时，发送节点重发 Address_PDU 和所有的 Data_PDU，EMCON 重传计数器递增，并且如果计数器尚未达到其最大值，重新启动 EMCON_RTI。

当处于 EMCON 模式的接收节点离开该状态时，它们发送 Ack_PDU，由发射节点记录。当所有 EMCON 节点都已经以 Ack_PDU 响应时，如果接收节点中任一个有缺失段，发送节点就进入 non_EMCON 重传模式；或者如果所有接收节点都已经确认整个消息，发送节点就发送一个空的 Address_PDU。

5.7.3　MDL

为了支持 P_MUL 多播，3G 短波子网必须提供一对多的传送服务。3G ALE 提供了一种多播呼叫模式，但目前为止介绍的 3G 数据链路协议仅针对点对点应用。本节介绍一个建议的多播数据链路（MDL）协议。

P_MUL 只需要尽最大努力的数据报服务，其确认在应用层处理。但是，正如在短波网络的 TCP 支持所看到的那样，如果链路层还提供适合短波信道的重传机制，我们可能会获得更好的性能。因此本节还将讨论针对非 EMCON 用户的带有嵌入式重传的 3G 多播协议和有否定应答（NAK）的多播数据链路（MDLN）协议。

5.7.3.1　MDL 协议

短波中多播应用的协议栈如图 5.62 所示。由此可知，MDL 协议与 HDL、LDL 等点对点 3G 数据链路协议一同被添加。MDL 和其他 3G 数据链路协议具有很多共同的特征：

- 稳健的突发波形；
- 代码组合以减少所需的重传次数；
- MDL 突发长度在 TM 或 FTM 业务类型字段中指定。

与 3G ARQ 协议不同，MDL 链路将采用单向 PTM 链路建立协议。

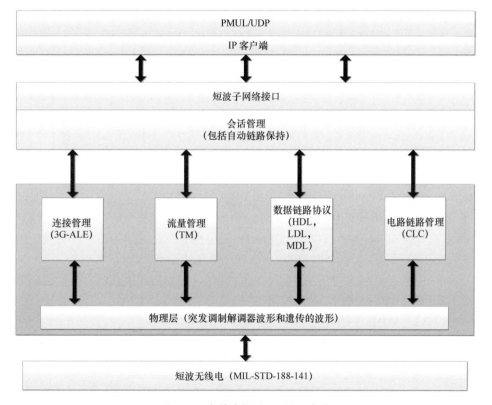

图 5.62　支持多播的 3G 协议套件

1. MDL PDU

HDL 和 LDL 使用的 BW2 和 BW3 突发波形提供了吞吐量和鲁棒性的有用

范围。建议的 MDL 使用这些现有的突发波形：

- MDL-5K 是高速模式，使用 24 个分组的 BW2 传输；
- MDL-512 是更稳健的模式，使用 512 字节的 BW3 突发流；
- MDL-32 是非常稳健的模式，使用 32 字节的 BW3 突发流。

在每种情况下，BW2 或 BW3 突发波形根据有效载荷数据创建，如前文所述。产生分散的 FEC 输出比特集，用于消息的每个数据分组（BW2 有 4 个，BW3 有 2 个）。与 HDL 或 LDL 不同，在 MDL 中整个 $Bitout_0$ 序列（消息的所有数据分组的第一个已编码比特集）通过单个、连续的传输发送。完成第一个突发波形（BW2 或 BW3）传输后，下一个突发波形立即开始，依此类推，直到整个消息的 $Bitout_0$ 序列都已发送。

2. MDL 协议操作

当消息使用 MDL 发送时，会话管理器指定要发送的消息的传输量，以及使用哪种 MDL 模式。然后 MDL 协议发送该消息的整个 $Bitout_0$ 序列，作为第一次传输。如果指定了一次以上的传输，下次传输将包含 $Bitout_1$ 序列，依此类推，循环通过 FEC 编码的消息序列所需的次数。当指定的传输量已被发送，MDL 报告完成，会话管理器则可以请求发送另一条消息，等待 ACK，或指导连接管理器放弃 PTM 链路。

接收机必须使用多播链路的历史内容和正在传入的数据内容，确定哪个 FEC 已编码序列将抵达。无控制数据分组被发送以指示 FEC 相位。与 HDL 和 LDL 一样，接收机增量结合对每个分组的所有接收到的各版本的软判决来尝试恢复无差错的分组。

在一个码相重传任何分组之前，在另一个码相发送整个消息，提供了两点优势：①一些时间分集，这应该能提高代码组合的性能；②如果在所有预定的重传之前该消息已被无差错解码，那么整个消息能早点传送到客户端。

每次传输从 TM、FTM 或 FLSU PDU 开始，它们指明了在此次传输的剩余部分所用的 MDL 模式。

5.7.3.2 MDL 性能[①]

建议的 MDL 协议的性能首先取决于 PDU 的鲁棒性。选定的 BW2 和 BW3 突发波形的测量和建模得出图 5.63 和图 5.64 所示的分组错误概率与 SNR 的关系曲线。图中使用的符号表示被发送的 Bitout 序列数量。例如，BW2×1 表示只发送 BW2 分组的第一个序列后的错误性能，而 BW3-32×2 表示 BW3-32 分组的两个序列都发送后的性能。

---

① 本节对 MILCOM2008 中提出的一项早期研究进行了更新。

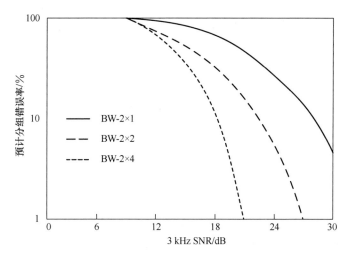

图 5.63　MDL BW2 PDU 的分组错误概率

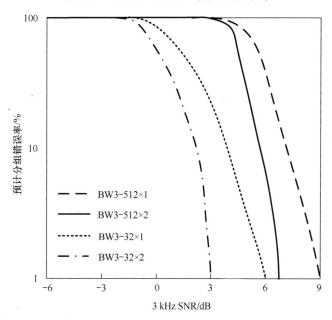

图 5.64　MDL BW3 PDU 的分组错误概率

　　这里估计在三种场景下 MDL 协议的性能：①战区内的区域多播；②紧急行动消息（EAM）的战略传播；③带确认的空中任务命令（ATO）的长距离多播。

　　每个场景都采用了美国国防部验证的 NetSim 方法来预测到达每个接收机的 SNR。在这些仿真场景中，我们使用第一等分的 SNR（即 90% 的时间将被超过的 SNR）。因此与使用中位数（五等分）SNR 值相比，这些是相当保守的预测。一天中的每个小时使用的是最佳频率。

对于每个场景，我们都评估了三种电离层条件：①夏天（7 月），轻度太阳活动（SSN = 10）；②秋天（10 月），高度太阳活动（SSN = 130）；③春天（4 月），中度太阳活动（SSN = 70）。

1. 区域多播场景

这个场景中假设使用一个 NVIS 路径，从离岸的船只每 5min 发送给岸上的海洋军团态势感知更新。每次更新是一个 10KB 大小的压缩消息。6 个短波无线电设备分布在着陆区，接收多播并转发数据到岸上视距内的战术无线电网络。没有确认消息返回给船只。需要注意的是，因为这是一个压缩消息，所有的消息分组在解压缩成功之前必须无差错被接收；消息被部分传送是不可能的。

消息足够大，可以好好利用吞吐量最高的波形 MDL-5K。然而，对于小于 18dB 左右的 SNR，MDL-512 提供了更好的吞吐量。在一次发送完所有 4 个 MDL-5K 序列之后，要进行可靠的消息传送，我们需要至少 25dB 的 SNR。一台 1kW 的船用发射机在仿真条件下提供的岸上 SNR 范围为 20～34dB，这表明有时 MDL-5K 并不可靠。因此，我们也评估了 MDL-512 的使用情况，以提高鲁棒性。

图 5.65 显示了在极具挑战性的传播条件下 24h 内的消息传送概率：七月，

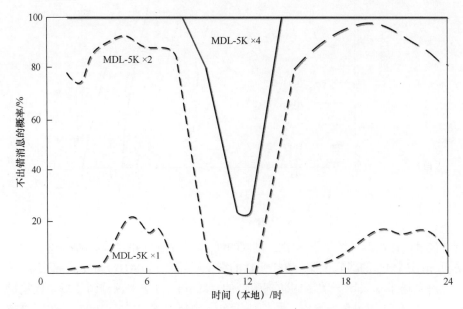

图 5.65　七月，SSN=10，NVIS 场景中的消息传送概率

具有轻度太阳活动。很显然，即使有 4 次消息传输，MDL-5K 在一天中的很多小时是不可靠的。然而，MDL-512 只有在单次消息传输和所有其他仿真条件下才是 100%可靠的。

但是 MDL-512 更高的可靠性是以速度为代价的。使用 MDL-512 来单次传输消息需要 150s。而对于 MDL-5K 而言，单次传输只需要 22.5s，尽管在传输过程的这一点上成功接收很罕见；整个四倍传输需要 90s。

2. EAM 场景

在这个"Dr. Strangelove"场景中，有 24 架飞机（或许是战略轰炸机）分布在阿拉斯加、加拿大西部和美国西部（如图 5.66 所示）。4 个高功率（4kW）的基台站在跨越短波频谱的频率上向这些飞机联播一个 32 字节的 EAM。可以想像，EAM 在命令轰炸机返回基地，而不是开始第三次世界大战，因此飞机收到 EAM 是非常重要的！

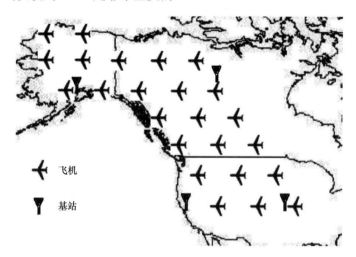

图 5.66　EAM 场景地理位置

消息的大小非常适合 MDL-32 的 32 个字节以内的有效载荷，我们将采用这个 MDL 协议的最稳健模式，来提高消息到达轰炸机的机会。该消息将被重复发送，以确保所有的飞机最终接收到它。按照 MDL-32 协议，经过不同编码的两个序列被交替发送。

由于每架飞机最终都会收到消息，消息传送概率不是一个有吸引力的性能指标。相反，我们在消息的前 4 次重复内评估该消息传送的可靠性。在夏天太阳活动低的情况下，我们发现在一天中的每个小时消息重复发送 4 次（7.5s），每架飞机都能接收到。更具挑战性的情况是在 10 月太阳活动高的时候。对于在这些条件下（4 次重复传输之后）的任何单个飞机，最坏情况的可靠性如图 5.67 所示。离发射机最远的两架飞机在黎明前的那个小时 4 次传输之后没有收到 EAM。但是，他们最终确实收到了消息。在一天中的所有小时，消息重复发送 4 次，所有其他飞机都有 100％的可靠性（春天中度太阳活动具有类似的性能）。

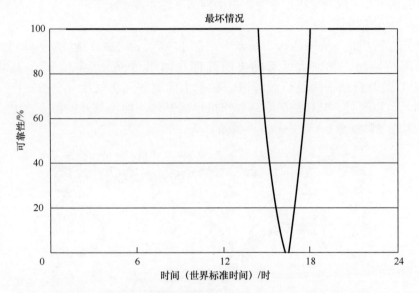

图 5.67　4 次传输后 EAM 接收的可靠性（十月，SSN=130）

3. ATO 场景

我们的第三个场景仍具有战略意义，但现在包括确认。在这里，我们有单个基台站，它向分布在整个战区的 8 架飞机多播 ATO。每 6 小时多播一个新的 ATO。整个 ATO 1 小时内重复两次，直到所有接收者确认无差错接收到 100kB 的完整消息。由于该消息尺寸大，MDL-5K 是优选的多播模式。所有 4 个编码可以在 14min 内被发送。 MDL-512 更稳健，但对于单次传输 ATO 需要 24min。

飞机返回确认信号，采用 FLSU 建立一个到基台站的点对点链路，采用 LDL 返回 P_MUL ACK。

在大多数情况下，MDL-5K×4 在第一次尝试传送 ATO 时能提供 97%～100%的可靠性。然而，在夏天太阳活动低的时候，当地中午时分可靠性下降（图 5.68）。MDL-512 在所有条件下提供完全的可靠性。

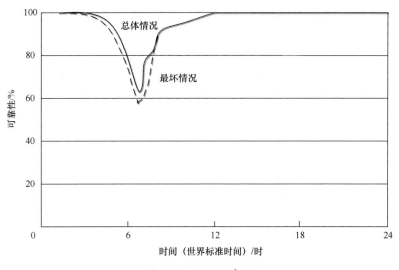

图 5.68　ATO 可靠性

反过来看，传送消息到所有目的地的高可靠性造成在多播结束时的拥堵，因为所有的飞机尝试与基台站建立链路来返回确认信号。然而，竞争的飞机数目少，拥塞很快得以解决。图 5.69 表示随着多播结束后时间的流逝，在所有小时内的平均返回 ACK 的累计百分比。显示了两个极端条件：太阳活动低的七月和太阳活动高的十月。

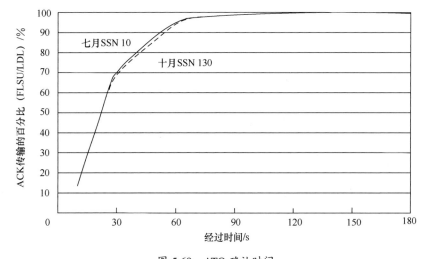

图 5.69　ATO 确认时间

在所有情况下，超过 90％的确认信号在一分钟内返回，100％在 3min 内返回。

5.7.4 MDLN 协议

MDL 协议以开环方式采用和 3G 数据链路协议共通的增量冗余：使用 $Bitout_0$ 编码发送整个消息，任选地使用消息的其他编码（多个）接着传输（多个）。在第一次传输后整个消息解码无差错的台站能够在那第一次传输后传送该消息，并且退出多播。否则，它必须处理重传，并在组合额外收到的信息后尝试正确解码该消息。

MDLN 形成了增量冗余的闭环形式。在 MDLN 中，每次前向传输之后有一次暂停，此时那些不能够解码该传输的接收机发出一个非常稳健的伪噪声（PN）PSK 符号序列来请求重传（图 5.70）。

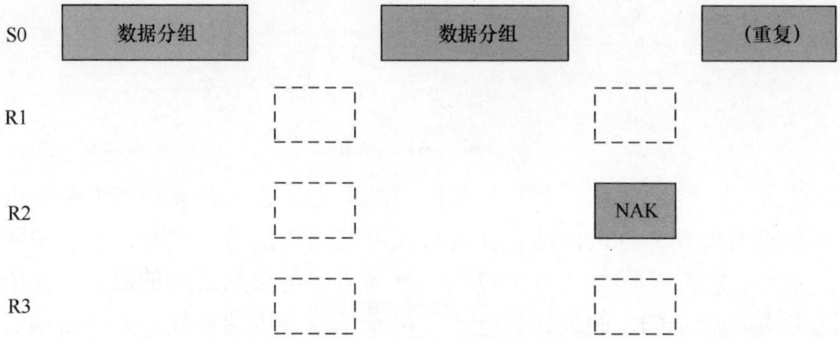

图 5.70　MDLN NAK 操作[19]

所有接收机共用 NAK 时隙（PN NAK 序列的检测足够稳健，允许任意数量的 NAK 信号在该时隙重叠）。当发送者检测到 NAK 时，它将发送额外的冗余比特。因此，MDLN 像点对点 ARQ 协议一样，只发送足够的冗余信息来无差错地传递信息。MDLN 概念设计的更多细节可以在文献[19]中找到。

5.7.5 结论

建议的 MDL/MDLN 协议家族承诺在 3G 短波网络的战术和战略应用中提供稳健的多播。MDL-32、MDL-512 和 MDL-5K 的选择提供了广泛的速度和鲁棒性。然而，在检测的这些场景中，MDL-5K 有时太不可靠，必须有 MDL-512 支持。 MDLN 使用链路层的确认信号增加了稳健的前向纠错能力。关于 3G 多播将采用哪些模式的讨论正在标准委员会中进行。

5.8　互联网应用中的 3G 性能

随着当今世界越来越依赖互联网，了解互联网应用和协议的特点，研究它们如何与 3G 短波技术交互并获取支持是很重要的。

5.8.1　互联网应用的特点

支持常见的互联网应用的协议可能从他们的协议层来考虑。在短波无线电网络子网接口上面，有（升序）网络层、传输层和应用层。

- 网络层的协议包括互联网协议（IP）、互联网控制消息协议（ICMP）和互联网群组管理协议（IGMP），一般只要求来自短波子网的尽力而为服务，因此和短波子网协议的交互不强烈。
- 在传输层，用户数据报协议（UDP）同样易于支持短波子网，但是传输控制协议（TCP）趋向于与短波子网服务交互强烈和交互不良。
- 应用层协议支持熟悉的互联网应用，例如发送和接收电子邮件、下载网页、播放语音和视频流等。大多数应用是交互式的，因为用户希望对他的行为迅速做出反应。电子邮件在用户期望方面有所不同：我们认识到，通过互联网把电子邮件消息发送出去有时需要几分钟甚至几小时，尽管消息常常在几秒钟内传送完。电子邮件传送中用户接受的偶尔的延迟使得电子邮件成为在短波子网服务中偶尔体验的中断的天作之合。因此，电子邮件被描述为推广短波作为现代数据网络的"杀手锏"。

5.8.1.1　应用协议特征

与较低层的协议不同，互联网应用层协议大部分采用纯文本 PDU。例如，图 5.71 显示了当客户端计算机 myhost.mycollege.edu 向服务器 server.agency.gov 提交来自 myname@mycollege.edu 的消息时其中涉及的 SMTP 握手。

大多数应用协议的重要特征在此处可以见到：

- 大部分的应用层 PDU 相对较短（例如 "220 server.agency.gov ESMTP Sendmail ready"）。在这个例子中，只有电子邮件本身（这里简写为 "large email message goes here"）有明显大小。这种短的传输在大小上可以和 TCP 和 IP 报头媲美（总共大约 40 字节），因此即便在考虑与短波子网的交互之前，它们的效率是 50% 或更少。当传送较大的有效载荷时，2G 和 3G 协议都是最有效的。
- 由于消息短小，在应用层的链路周转频繁。当然这就使得沿协议栈向下频繁的链路周转成为必需，我们从第 3 章得知在短波子网中链路周转是昂贵的，使用 2G 技术时更是如此。3G 协议在反转物理链路方向上更灵活，但每次应用层反转方向时，必须重新协商逻辑链路上的数据流方向。

服务器	客户端
220 server .agency.gov ESMTP Se ndmail ready	
	HELO myhost .mycollege
250 server .agency.gov	
	MAIL From: <myname@mycollege.edu>
250 <myname@mycollege.edu>. . . Se nder ok	
	RCPT To: <recipient@somewhere.gov>
250 <recipient@somewhere.gov>. . . Recipient ok	
	DATA
354 Enter mail, end with "."on a line by itself	
	<large email message goes here> .
250 Message accepted for delivery	
	QUIT
221 server .agency .gov closing connection	

图 5.71 SMTP 的示例

认识到这些应用协议的特征对短波子网性能的影响，几种流行协议的短波友好版本已经被开发和标准化。例如，HMTP 是 SMTP 的短波友好版本。它强制使用 ESMTP 命令流水线扩展，其中客户端的所有命令用单一突发波形发送（图 5.72）。通过打破步调一致的短时传输交换，我们解决了上面提到的那两个担忧。

5.8.1.2 TCP 特性

TCP 通过沿互联网路径遇到的多种子网提供终端到终端的可靠连接。TCP 的常见版本实现了具有自适应超时机制的 go-back-N ARQ 协议。这两点都对在短波子网中使用 TCP 提出了问题。

- go-back-N ARQ 协议重传一个丢失段后面的所有 TCP 段。如果在短波子网中正使用链路层 ARQ 协议，我们应该从不会丢失 TCP 段，但是由于要成功地传送，恶劣的信道质量需要许多的链路层重传。一旦链路层延迟超过了 TCP 超时，TCP 会重新提交丢失的段，并且最终它后面的所有那些段，都沿挣扎的短波链路传送出去。当然，这加剧了问题，给链路层延迟增加了拥塞延迟。

服务器	客户端
220 server.agency.gov ESMTP Sendmail ready	
	EHLO myhost.mycollege.edu MAIL From:<myname@mycollege.edu> RCPT To:<recipient@somewhere.gov> DATA <large email message goes here> . QUIT
250 server.agency.gov 250 <myname@mycollege.edu>...　Sender ok 250 <recipient@somewhere.gov>...　Recipient ok 354 Enter mail, end with "."on a line by itself 250 Message accepted for delivery 221 server.agency.gov closing connection	

图 5.72　HMTP 例子

- TCP 中自适应超时机制利用往返时间（RTT）测量的平滑平均值逐步知道到达目的地路径的 RTT。历史上启动 RTT 估计是 3s，但是在 2011 年它被 RFC-6298 减少到 1s。每当重传定时器超时，超时值加倍并且未经确认的段被重传。TCP 超时值被设置为 RTT 估值加上测得的 RTT 变化值的 4 倍。我们将看到，初始 RTT 估值对于短波子网来说太低，变化项可以变得相当大。

5.8.2　互联网协议与短波数据链路的交互

当通过短波子网第一次尝试 TCP 连接时，我们可能在 ALE 建立短波链路时会遇到 10s 或者更久的延迟（5.3.6.2 节）。在这间隔里，RFC-6298-标准 TCP 将在 1s、3s 和 7s（也许是 15s）超时，每次重新发送 SYN 分组。一旦通过短波子网的连接正在运行，往返时间估计应该逐步调整到稳定状态的值。RFC-6298 允许 RTT 估计的一个最大值，但要求该值至少为 60s。

短波信道的动态特性将反映在 TCP 所测得的 RTT 值中大的变化。例如，STANAG 5066 协议的周期时间范围可达 120s，所以当短波数据链路不得不重发单个丢失的帧时，我们将在 RTT 的测量中看到相当大的变化。

5.8.2.1 短波对互联网应用的支持的仿真研究

仿真研究已评估了互联网和短波协议之间的这些交互的幅度。为了完成这项工作，在 NetSim 仿真框架内实施了 STANAG 5066 ARQ、HDL、LDL、TCP、SMTP 和 HMTP 协议（应用层协议由脚本驱动，没有完全实施）。交互的详细讨论可以在文献[21-22]中找到。在这里将采取不同的角度，把未修改的互联网业务通过短波子网络传递和在短波网关处终止互联网协议并在短波子网中使用短波友好协议两种方法进行比较，检查这两者的总体效果。

本研究的仿真信道与第 2 章描述的信道相似，平均 SNR 的波动呈对数正态分布。在这里对这些波动进行 4dB 标准偏差的仿真，自相关时间常数为 10s。每次仿真的平均 SNR 保持不变；同时，不仿真昼夜变化。链路建立也没有仿真；实际上，链路建立于仿真开始前。

这里专注于 2G 和 3G 网络中的电子邮件性能。我们向应用提供 5000 字节消息的稳定负载，并测量每小时传送的消息数量。考虑了两个客户端协议栈：携带 TCP 的 SMTP 代表未修改的互联网业务，没有传输协议的 HMTP 是典型的短波友好业务。

在图 5.73 中可以看到，2G 子网（使用 STANAG 5066 ARQ 和 MIL-STD-188-110B 调制解调器）在传送电子邮件时使用短波友好协议比使用通常的互联网协议获得约 3 倍高的吞吐量。还要注意当信噪比达到 10dB 或更好（语音质

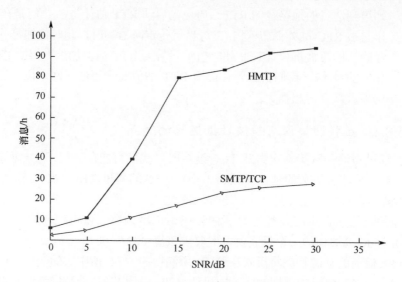

图 5.73 在 STANAG 5066 上 HMTP 与 SMTP/TCP 的比较

量的链路）时，吞吐量急剧上升。当然，当调制解调器 9600b/s 的功能完全可以使用时，可实现最高的吞吐量。

在 3G 网络中也能看到类似的性能差异（图 5.74）。正如预期的那样，在低 SNR 条件下 3G 网络比 2G 提供了好得多的性能，并且随着 SNR 的增加，其吞吐量也平稳增加。高 SNR 的性能受限于 HDL 波形 4800b/s 的数据速率。HDL+没有被评估，但是在吞吐量当面应该比 HDL 有大幅改进。

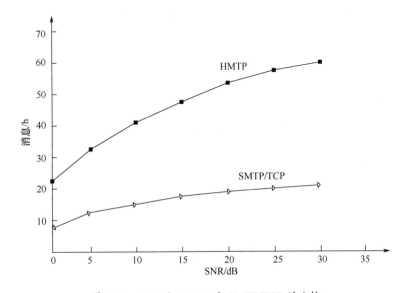

图 5.74　HDL 上 HMTP 和 SMTP/TCP 的比较

5.8.2.2　3G 短波无线电网络中互联网应用性能的测量

Koski 等人报告了经 3G 短波无线电网络传送互联网业务的实验室测量结果。这些实验使用综合 IP 测试应用，旨在"仿真由不同（军事）的 C3I 应用产生的业务分布。"

1. 态势感知数据分组的 UDP 交换

通过衰减器把所有的无线电射频端口捆绑在一起就形成了一个有 10 个台站的网状型网络。

- 每个无线电装置包括一个内部的信道仿真器，所有这些都针对一个 SNR 如图 5.75 所示的 AWGN 信道被同样编程；
- 频率池包括 4 个信道；
- 由 PC 控制的该实验以选定的平均速率产生 150 字节的数据分组，间隔时间从 0 到两倍的平均间隔时间呈均匀分布；

- 每个数据分组被发送到一个随机选择的无线电装置并指定到另一个随机选择的无线电装置；
- 使用 FLSU 建立链路并且使用 xDL（按照无线电的选择使用 LDL 或 HDL）或 HDL+传送分组。

图 5.75 表示传送 UDP 数据分组的延时，它是关于所提供的负载、信道 SNR 和所使用的协议的函数。注意在高 SNR 信道上 HDL+改进的性能。

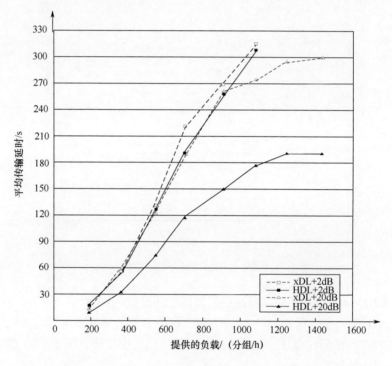

图 5.75　10 个台站负载的 3G 短波网络中 UDP 分组传输的实测延时[23]

2. 点对点 TCP 吞吐量

在单个 TCP 连接上从 1 到 1 百万个字节一系列消息的吞吐量被测量。为了和先前的结果比较，在这里我们展示了对于 5000 字节消息测得的吞吐量。再次，使用一个 AWGN 信道，在链路和 TCP 连接建立之后测量吞吐量。在图 5.76 中可以看到，SNR 高达+5dB 时测得的性能和在 HDL 上使用 SMTP/TCP（图 5.74）的仿真性能是一致的。在 5dB 以上，HDL+的吞吐量大幅提升。

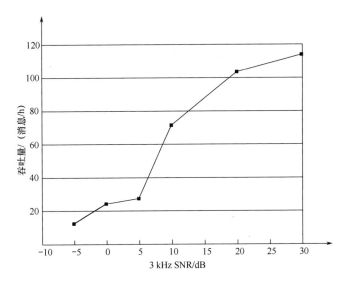

图 5.76　5000 字节消息, 点对点 3G 链路上实测的 TCP 吞吐量[23]

3. 点对点 FTP 吞吐量

最后, 按照下列顺序测量应用的吞吐量:

- FTP 客户端通过 3G 短波无线电链路登录到 FTP 服务器;
- 该客户端上传文件到服务器, 然后下载相同大小的文件;
- 该客户端从服务器注销。

吞吐量以 b/s 为单位, 与文件大小和信道 SNR 的函数如图 5.77 所示。

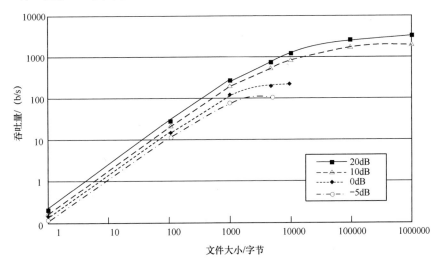

图 5.77　点对点 3G 链路上实测的 FTP 吞吐量[23]

5.9 实地测试

3G 短波技术的实地验证已超过十年。当第 10 山地师在 2001 年年底部署到阿富汗以支持"永久自由行动"时,他们对其 3G 短波无线电设备的能力极为满意(来自于他们返回时的第一手报道)。

哈里斯的现场工程师实施的 3G 短波无线电设备的实地测试也获得了用户的肯定意见(在文献[24]中报道):

- 3G 短波网络的通信规划比 2G 网络要简单一些,需要设置的参数较少;
- 3G 网络基本操作的速度和响应与 2G 相比有很大的提高;
- 使用 3G 技术的互联网式即时通讯既舒适又有效;
- 通信从 STANAG 4538 协议增加的鲁棒性中大大受益,即使在低至 0dB 的 SNR 下,短信很少延迟或没有明显的延迟。

5.10 3G 短波技术总结

3G 短波技术的目标是建链更快、SNR 更低、携带更多的业务,并支持比 20 世纪 90 年代短波技术所能提供的更大型的网络。这些目标得以实现。现在 3G 短波无线电设备已被广泛地使用,其在战术网络中应用最普遍,在该网络中以较低的 SNR 传递数据的能力提供了更长的电池寿命和更少的射频足迹。关于多播和其他扩展功能的工作仍在继续,但是 3G 短波技术的核心现在已完善建立并得到实地验证。

参 考 文 献

[1] Standardization Agreement 4538, *Technical Standards for an Automatic Radio Control System for HF Communication Links*, NATO, 2007.

[2] Chamberlain, M., W. Furman, and E. Leiby, "A Scaleable Burst HF Modern" *Proceedings of HF98, The Nordic Shortwave Conference,* Fårö, Sweden, 1998.

[3] Furman, W. N., "Robust Low Bit Rate HF Data Modems," *Proceedings from the IEE Seventh International Conference On HF Radio Systems and Techniques,* University of Nottingham, U.K., July 1997.

[4] Ma, H. H., and J. K. Wolf, "On Tail-Biting Convolutional Codes," *IEEE Trans. Commun.*, Vol. COM-34, February 1986, pp. 104-111.

[5] Recommendation IIU-R F.1487, Testing of HF Modems with Bandwidths of Up to about 12 kHz Using Ionospheric Channel Simulators.

[6] Johnson, E. E., "Fast Propagation Predictions for HF Network Simulations," *Proceedings of MILCOM '97,* IEEE, Monterey, CA, 1997.

[7] Bullock, R. K., "SCOPE Command High Frequency (HF) Network Simulation　Model (NetSim-SC) Verification and Validation Report," Defense Information Systems Agency, Joint Interoperability Test Command, Ft. Huachuca, AZ, January 1998.

[8] Johnson, E. E., "Simulation Results for Third-Generation HF Automatic Link Establishment," *Proceedings of MILCOM '99*, IEEE, Atlantic City, NJ, 1999.

[9] Johnson, E., T. Kenney, M. Chamberlain, W. Furman, E. Koski, et al., "U.S.　MIL-STD-188-141B Appendix C：A Unified 3rd Generation HF Messaging Protocol," *Proceedings of HF98, The Nordic Shortwave Conference*, Fårö, Sweden, 1998.

[10] Wicker, S. B., *Error Control Systems for Digital Communication and Storage,* Upper Saddle River, NJ: Prentice-Hall, 1995.

[11] Chamberlain, M. W., and W. N. Furman, "HF Data Link Protocol Enhancements Based on STANAG 4538 and STANAG 4539, Providing Greater Than 10KBPS Throughput Over 3kHz Channels," *Proceedings of the Ninth International Conference on HF Radio and Techniques*, IEE Conference Publication #493, University of Bath, U.K., June 2003.

[12] Furman, W., and J. Nieto, "Understanding HF Channel Simulator Requirements in Order to Reduce HF Modem Performance Measurement Variability," *Proceedings of the 2001 Nordic Shortwave Conference (HF 01)*, Fårö, Sweden, 2001.

[13] Batts, W. M., W. N. Furman, and E. Koski, "Channel Quality Variation as a Design Consideration for Wireless Data Link Protocols," *Proceedings of IEEE Military Communications Conference (MILCOM) 2007*, IEEE, Orlando, FL, October 2007.

[14] Watterson, C. C., J. R. Juroshek, and W. D. Bensema, "Experimental Confirmation of an HF Channel Model," *IEEE Transactions on Communication Technology,* Vol. COM-18, No. 6, December 1970.

[15] FED-STD-1052, "Telecommunications: HF Data Modems," General Services Administration, August 7, 1996.

[16] Standardization Agreement 4406, *Military Message Handing System*, NATO, 2006.

[17] Allied Communication Publication 142,　P-MUL—A Protocol for Reliable Multicast Messaging in Bandwidth Constrained and Delayed Acknowledgment (EMCON) Environments, February 2001.

[18] Johnson, E. E., "IP Multicasting in HF Radio Networks," *Proceedings of MILCOM 2008*, San Diego, CA, 2008.

[19] Koski, E., "Concepts for a Reliable Multicast Data Link Protocol for HF Radio Communications," *Proceedings of MILCOM 2005,* Atlantic City, N.J., 2005.

[20] Paxson, V., et al., "Computing TCP's Retransmission Timer," RFC-6298, June 2011.

[21] Johnson, E. E., "Interactions Among Ionospheric Propagation, HF Modems, and Data Protocols," *Proceedings of the 2002 Ionospheric Effects Symposium*, Alexandria, VA, 2002.

[22] Johnson, E. E., "Interoperability and Performance Issues in HF E-Mail," *Proceedings of MILCOM 2001*, McClean, VA, 2001.

[23] Koski, E., W. Batts, Jr., and T. Benedett, "Effective Communications for C3I Applications Using Third-Generation HF," *Proceedings of the Nordic Shortwave Radio Conference (HF'04)*, Fårö, Sweden, 2004.

[24] Koski, E., et al., "STANAG 4538 Implementation and Field Testing Lessons Learned," *Ninth International Conference on HF Radio Systems and Techniques*, University of Bath, UK, June 23- 26, 2003.

第6章 宽带短波

多年前，当具有竞争力的卫星通信系统出现后，人们认为短波无线电的使用需求会下降，但是卫星通信系统的经常性成本（相比 3kHz 短波信道较低的非经常性成本）、改进的可靠性以及增加的数据速率方面的局限性把短波重新带回到长距离无线通信的最前线。近年来，短波面临的挑战是提供足够高的数据速率以支持用户现在认为必要的服务。短波并未过时，短波委员会现在面临的问题是："我们如何才能利用短波实现更高的数据速率？"

6.1 简　介

许多年来，在短波无线电频带内的语音和数据通信通常被限制在不超过 3kHz 的信道带宽内（虽然单个发射机偶尔因为分集或附加带宽被允许占用 2 个相邻边带，或者至多 4 个相邻的 3 kHz 信道，但是每个信道独立传输）。这允许非常有限的可用频谱有效地共享，并且适合短波信道过去提供的服务：语音和低速数据。然而，最近几年对短波链路上高速数据传输的需求越来越多，现在监管机构正在考虑分配比 3kHz 更宽的单个短波信道的可能性。这个概念被称为宽带短波（WBHF）。

全球无线电频谱管理属于国际电信联盟（ITU）的工作范畴，ITU 是联合国的一个机构。国际电联的政策由国家行政部门来执行，例如美国的联邦通信委员会（FCC）。这些机构试图公正地平衡所有频谱用户的竞争需求。通常情况下，频率块被保留，供众多服务中的每种服务使用（如固定、移动、航空和业余通信），同时也为诸如射电天文学等特殊用途使用。信道宽度（以 Hz 为单位）在电磁频谱上和每个频带内均有变化。

在 3～30MHz 频段内（标称短波波段），用于双向通信的大部分信道（即非广播频段）只分配 3kHz，尽管特殊用途（特别是在业余频段）可以分配更窄的信道。一些军事用户历来被分配了 2 个（甚至是 4 个）相邻信道用于独立的单边带（ISB）操作。例如，LINK-11 战术数据链路在 2 个相邻信道上发送相同的信息，当接收机处的分集组合利用了 2 个信道不完美的相关性优势时，获得了一些额外的对于衰落的鲁棒性。

6.2　更高数据速率的需求

本节提出了一些应用，在这些应用中更高的数据速率对任务性能有质的提升。这个讨论从文献[2]中产生，深入足够的细节来探讨宽带短波波形的应用要求和限制条件。

6.2.1　面向快速移动物体的大文件应用

首先讨论使用数据速率更高的波形与 ARQ 协议的权衡。考虑这样一种应用：飞机穿过发射机的覆盖范围只有几分钟。链路持续时间的硬性限制将决定可被发送的最大文件的尺寸，所以当飞机飞过固定发射机的无线电范围时，更高的数据传输速率将允许更大的文件（如图像与文本）被传送。

虽然数据调制解调器的原始速度是最重要的，但是随着调制解调器速度的增加，开销（包括链路建立、链路周转时间以及 ARQ 确认的速度和鲁棒性）将导致增益递减。

正如第 5 章所讨论的，对于链路建立我们更愿意将呼叫信道与业务信道区分开。这往往会提高网络的整体效率，因为可以大量使用业务信道并同时保持呼叫信道对新的呼叫开放。一个窄带（3kHz）的信道足够用于链路建立（第 7 章），这可能要花费 10s 时间。

链路建立后，参与的电台在宽带业务信道上传输数据，使用自动重传请求（ARQ）协议。数据突发波形之间的时间间隔是发送 ACK 的时间与两个链路周转时间的和。现有的调制解调器和通信保密技术要求每次链路周转时间为约 1s，这是对原有设备的改进。

这些相对慢的链路周转决定了发送 ACK 的时间，因此如果我们用稳健、低速的波形在宽带信道上发送 ACK 突发波形，效率不会受影响。可以使用正交 Walsh 编码的信道符号组成的多符号帧，正如 MIL-STD-188-110C（第 3 章）或 STANAG 4415 中 75b/s 的窄带波形的操作一样。

6.2.2　监控视频应用

对于更高数据速率的波形，一个可能改变游戏规则的应用是通过短波天波信道传送实时视频流。视频应用即使是携带有限质量的图像（如每秒 15 帧，分辨率为 160×120），需要的数据传输速率也要比那些目前可用的速率（至少

38kb/s）高得多。虽然我们都清楚很多应用中地面波传输视频是有价值的，但是更高的数据速率波形必须能够在长距离天波路径典型的衰落和多径失真中运作，以尽可能在最广泛的条件和用户范围内提供这些服务。

6.2.2.1 长距离：来自飞机的视频

如今，无人驾驶飞行器（UAV）的命令和视频通常通过卫星或视距无线电信道传输。虽然使用窄带短波链路的超视距命令沿上行链路到达无人机是可行的，但是短波更高的数据速率提供了短波无线电与无人机之间双向跨视距通信的有趣的可能性。当然，在无人机上短波发射机的供电和获得有用的短波天线效率将具有挑战性。

后面这个担忧在载人固定翼和回旋翼飞机上更容易得到解决。提供来自于跨视距的直升机的实时视频的能力不仅对军队有用，而且有益于偏远地区的救灾行动。例如，据美国海岸警备队报告，在处理墨西哥海湾深水地平线石油泄漏的关键障碍是实时监控该情况存在短板。提高从直升机传送视频的能力将极大地帮助他们工作。

6.2.2.2 NVIS：远程视频观测站

另一个使用 WBHF 来传送视频的挑战性的时机出现在视距通信被阻断的山区或密集的城市地形。在这种情况下，NVIS 路径可能能够跨越障碍物传送视频。

6.2.3 通用作战图像（地面波）应用

一对多通信被用于维持一个通用作战图（COP）和支持海军战斗群中舰艇间的配套协作规划。这个应用必然将受益于宽带短波带来的更高的数据速率。沿相对良性的地面波信道在海面上传播，覆盖范围广，路径损耗低，但在这个短波 LAN 中的节点必须共享信道。使用令牌传递信道接入协议，信道不断地被用于传送数据、ACK 和传递令牌。更高的数据速率将减少延时和增加船只之间共享的数据量。

6.3 实现更高的数据速率

6.1 节介绍了目前的带宽分配和管理短波的法规。6.2 节讨论了可以从更高的数据速率中受益的应用。现在探讨实现更高的用户数据速率可行性办法。

至少存在三种可能的方法：第一种是利用目前的 3kHz 信道分配来提高数据速率；第二种是使用连续或非连续的多个 3kHz 信道来提高数据速率；第三

种是采用连续带宽更宽的波形。

关于这个讨论，我们使用了与 SNR 有关的测量指标：信号功率与噪声密度比（SPNDR）。SPNDR 是总信号功率与 1Hz 带宽包含的噪音功率的比值；这在比较具有不同噪声带宽的波形时非常有帮助。

6.3.1　3-kHz 波形

在固定的 3 kHz 带宽内增加波形的数据速率是相当简单的。可用的变量只有 FEC 和调制密度。回顾第 3 章，8 进制以上的 M-PSK 星座图功率变得很低下。更高效的 M-QAM 星座图是提高数据传输速率更好的选择。每当 M-QAM 星座图的大小加倍，SNR 大约增加 3dB，同时星座图中包含的信息增加了单个比特。作为一种带宽有效的调制，M-QAM 遵循香农容量曲线，需要指数形式的更多功率以实现数据吞吐量的线性增加。

表 6.1 显示了使用在第 3 章讨论的 MDR 波形所要求的 SNR 和 SPNDR、星座图，以及 AWGN 信道可实现的数据传输速率（BER = 10^{-4}），并外推到 19200b/s（即当使用相同的 FEC 即码率为 3/4 时，当前 9600b/s 的数据速率翻倍）。

表 6.1　3-kHz 波形的数据速率、星座图尺寸、要求的 SNR 和 SPNDR

数据速率/（b/s）	星座图尺寸	3kHz SNR/dB	SPNDR/dB
3200	4-PSK	9	43.8
4800	8-PSK	12	46.8
6400	16-QAM	14	48.8
8000	32-QAM	17	51.8
9600	64-QAM	20	54.8
11200	128-QAM	23	57.8
12800	256-QAM	26	60.8
14400	512-QAM	29	63.8
16000	1024-QAM	32	66.8
17600	2048-QAM	35	69.8
19200	4096-QAM	38	72.8

从表 6.1 中可以看出，数据速率从 9600 翻倍到达 19200 的成本为 18dB。除了这种高 SNR 的代价，整个系统所需的动态范围和波形的峰均比（PAR）都随着星座图尺寸的增加而增加，产生更大的总成本。表 6.2 提供了中等数据速率（MDR）波形 PAR 处于最坏情况的采样。此外，较高阶的星座图甚至更

容易受到多径和衰落的影响，这使得 4096-QAM 星座图不太可能处理和 64-QAM 相同的多径和衰落信道条件。尽管实现 19200b/s 存在其他无需 4096-QAM 和这么高 SNR 的选择，基于香农容量定理的推理显示它们的成本将同样很高。毫无疑问，不允许带宽增加至超过 3kHz 对于短波切实实现更高的数据速率的目标构成了重大挑战。

表 6.2　MDR 波形最坏情况的 PAR

星座图	滤波前的 PAR/dB	滤波后的 PAR/dB
4-PSK	2.4	4.9
16-QAM	4.0	5.7
64-QAM	5.1	6.6

在过去的 10 年中，人们对多输入多输出（MIMO）系统产生了巨大的兴趣，将其作为在固定带宽中提高数据速率的一种方法。 MIMO 系统也被称为空时调制，这是因为多天线产生了额外的空间维度。其基本概念是在多个发射（TX）天线上发送数据，并使用多个接收（RX）天线接收数据。值得注意的是，接收机将需要特殊的 MIMO 程序以同时解调所有的发送/接收信号对。如果 TX 天线的数量是 N 并且 RX 天线的数量大于或等于 N，该系统的数据传输速率可以增加 N 倍（假设系统中有充足的多路径以支持 N 个信道）。这种技术已被主要应用于工作在 2GHz 或更高频率范围内的系统中（由于更短的波长，系统天线间距小）。

在短波中，MIMO 技术可能很难应用，因为短波波长较长导致了天线的尺寸必须大。当空间分离用于信号的去相关时，就要求所有 TX 天线和所有 RX 天线之间有更大的分离（尽管在此背景下对于使用具有不同极化的并置天线可设置一个参数）。

此外，可能无法提供实现数据速率的 N 倍增加所需的"充分的多径"条件。在 AWGN 信道中，MIMO 系统不提供增加数据速率的机会（如上所述），因为这要求有一个多径丰富的环境。在任何情况下，很清楚的一点是，MIMO 最多可能仅适用于具有广阔地域的少数短波台站之间的通信，以便能够支持多个大型短波天线。

6.3.2　多信道波形

一种提高短波数据速率的方法是多信道方法，它可以较好地适配当前的带宽分配和现有的无线电设备。这种方法的思想是简单地并行使用多个 3 kHz 的信道。这种方法为用户提供了数据速率随可用信道数量变化的线性增长。调制解调器在解调多个信道时只需面对计算复杂度线性增加的问题。

让我们通过比较 MIL-STD-188-110B 附录 C（标号为 110B/C）9600b/s 的波形与 9600b/s 的 ISB 波形（每个 3kHz 的信道使用 4800b/s 的速率)的性能来说明这个方法，后面一种波形在美国 MIL-STD-188-110B 附录 F 中（标号为 110B/F）定义。为了公平比较这两种方法，两种波形的总发射功率必须相同。此外，由于使用了峰值功率受限的放大器（即线性放大器），必须也考虑波形 PAR 的差别。例如，由 110B/C 在 AWGN 信道获得 10^{-4} 的 BER 所需的 SNR 为 19dB。对于 110B/F 波形，每个信道所需的 SNR 为 11dB。使用 110B/F 代替 110B/C 将产生 8dB 的总优势。如果使用两个独立的无线电设备用于传送 110B/F 并且要求总的 TX 功率相同，那么 110B/F 的优势将下降 3～5dB。然而，考虑到 PAR 的差异（64-QAM 的 PAR 为 6.6dB，4800b/s 的 PAR 为 4.9dB），110B/F 的优势增加到 6.7dB。如果使用单个 ISB 无线电设备代替两个无线电设备，110B/F 的 PAR 增加了 2dB。当两个边带在功率放大器之前合并时就会产生 PAR 的这种增加（注意 2dB 是实际的测量值）；ISB 无线电设备中 110B/F 的优势现在是 4.7dB。如果两个以上的边带被合并，PAR 继续增加（即在单个无线电设备中 8 个相邻边带合并，PAR 将增加 8dB 左右）。表 6.3 比较了在 STANAG 4539 的 3 个测试信道上，每种波形达到 BER 为 10-4 时所需的 SNR。即使数据速率为 9600b/s，多信道方法的优势也是显著的。

表 6.3　110B/C 和 110C/F 9600b/s 波形的比较

信道	110B/C /dB	110C/F /（dB/信道）	110C/F 总优势 /dB	使用两个无线电设备的优势/dB	ISB 无线电设备的优势/dB
AWGN	19	11	8	6.7	4.7
不良信道	27	17	10	8.7	6.7
莱斯信道	27	14	13	11.7	9.7

在之前的研究结果中，我们对 110B/F 波形作了的一个重要假设，即假定每个信道有相同的平均短波信道条件，并且每个信道上观察到的衰落独立于其他信道。对于 ISB 信道这个假设可能不太现实，因为在相邻的 3kHz 信道上观察到的衰落可能不是完全不相关的。此外，如果这两个信道相隔 1MHz（或更多），那么他们具有等量的多径、衰落和 SNR 的概率非常小。这个假设是美国 MIL-STD-188-110B 附录 F 和其他类似方法想要获得更高的数据速率时存在的主要缺点。这些波形总是在所有可用的信道上使用相同的符号星座图（如 8-PSK、16-QAM 等）。他们还在所有信道之间进行 FEC 和交织。这就要求为使

波形良好运作所有的信道应该具备类似的短波信道特征。系统必须抛弃那些不支持在其他信道（或多个）上提供更高数据速率的信道。在最坏的情况下，这可能导致只有单个信道能够支持具有良好 SNR 的传输。

有效使用多个信道的其他替代方案是：①开发一个多信道 ARQ 协议，试图最大化每个独立信道的数据速率，从而利用标准的调制解调器、波形和无线电设备实现尽可能高的多信道数据速率；②开发多信道 STANAG 4538（3G）ARQ 协议。

在实际中使用多信道方法时存在缺点，除了需要许多的无线电设备、天线、调制解调器等，还需要分配很多 3kHz 的短波信道。虽然近年来有不少关于多信道无线电的研究，研究者们并没有提到有两个以上信道的短波无线电的发展现状（除了战略系统，其意图是将每个信道用于不同的应用，而不是在单个应用中使用所有信道）。

关于多信道波形的这个话题最后一个悬而未决的问题是用户是否准备好支付实现多信道波形所要求的高昂代价。虽然 110B/F 波形正在海军应用中部署，但是在很大程度上由于现有的 ISB 频率分配和 ISB 无线电设备，目前还不清楚只有单边带（SSB）设备的用户是否愿意将他们的大部分无线电资产绑在单个高数据速率的链路上。

6.3.3 连续带宽更宽的波形

在高数据速率波形地设计和性能上，信道带宽起着至关重要的作用。正如在 6.3.2 节中提出的，当提供 9600 b/s 的数据速率时，双信道的 ISB 波形（6kHz）比单一信道波形（3kHz）有显著的性能优势。随着数据速率的降低，这一优势就会变小。然而，当所需的数据速率超过 9600b/s 时，这个优势可能会变得更大。表 6.4 比较了在不同数据速率下，对于 110C/C 波形和一系列网格编码的 OFDM 波形的不同带宽，在中纬度干扰信道上获得误码率为 10^{-4} 所需的 SPNDR，正如文献[10]所述。注意，此表并没有考虑 PAR，但它将会进一步增加宽带波形的优势。这次对比令人震惊的是：3kHz 信道支持 9600b/s 所需的 SPNDR 和 80kHz 信道支持 64000b/s 所需的 SPNDR 几乎相同。显然，波形带宽的增加产生了功率效率高得多的波形。

表 6.4 ITU 中纬度干扰信道中，获得 10^{-4} 误码率所需的 SPNDR

数据速率/（b/s）	带宽/kHz	SPNDR/dB
9600	3	62
	12	55

（续）

数据速率/（b/s）	带宽/kHz	SPNDR/dB
19200	3	>78
	24	58
32000	3	>90
	40	60
64000	3	>100
	80	63

6.3.4　宽带短波最好的方法

在前面提出的增加短波数据速率的三种方法中，连续带宽更宽波形的方法提供了最佳性能。连续带宽更宽波形的 PAR 和 3kHz 波形的 PAR 相同；在单个无线电设备中实现多信道的方法将会因为在功率放大器之前进行信道合并，而导致 PAR 增加。因此，我们倾向选择连续带宽更宽的方法。

下一步是决定使用单载波还是 OFDM 波形。正如第 3 章所提到的，单载波波形一个可能缺点是自适应均衡器的计算复杂度。如果我们要保持同样的时延扩展能力，均衡器所要求的抽头数量将会随着带宽的增加呈线性增长，而均衡器复杂度则会随着抽头数量的平方成比例地增长。虽然对于带宽更宽的波形来说，均衡器的计算复杂度是一个挑战，但是我们发现目前的 DSP 与现场可编程门阵列（FPGA）相结合——允许实现至少 24kHz 带宽的单载波波形。考虑到 OFDM 波形（第 3 章）的其他缺点，只要均衡器仍然可行，我们倾向于选择单载波波形。

6.4　美国宽带短波技术的标准化

最新修订的美国军用短波无线电（MIL-STD-188-141C）和数据调制解调器（MIL-STD-188-110C）标准中添加的一个关键新技术是，信道宽度可达24kHz 的 WBHF 波形。

无线电标准的修改直截了当：先前 300～3050Hz 的 3kHz 音频通带被推广。对于标称带宽 B，音频频率响应现在要求 300Hz～B+50Hz 的频段内波纹不超过 3dB。

WBHF 波形的规范要求更加详细。WBHF 波形将在第 6.4.1 节～第 6.4.3节中描述。

6.4.1 设计目标

在为宽带波形的新家族建立设计目标时，了解它们将被使用的物理介质（即短波信道特性）是非常重要的。对于中纬度短波电路，多径的数量（通常被称为时延扩展）可高达 6ms，衰落速率（通常被称为多普勒扩展）可高达 5Hz。然而，更典型的时延扩展值是 2ms 或更少，更典型的多普勒扩展值是 1Hz 或更低。2ms 的时延扩展和 1Hz 的多普勒扩展值是国际无线电咨询委员会（CCIR）标准的差短波信道或者最新的 ITU 推荐中提及的中纬度干扰信道条件的基本参数。

除了短波的物理特性，了解用户们及其应用的需求也同样重要。一段时间以来，许多短波系统都已使用 ARQ 协议来提供无差错的数据传输（如 FED-STD-1052 和 STANAG 5066）。因此，波形需要设计成能很好地与这些应用，以及传统的广播和点对点信息处理系统一起工作。

短波的另一个应用是彼此接近的海军舰艇和飞机在一起组网（延伸的视距或约 200n mile[①]；参见 6.2.3 节）。这个特定的应用是在地面波的链路上，该链路比通常的天波短波链路具有更良好的信道条件和更加稳定的 SNR。更宽的带宽使更高的数据速率成为可能，这给可支持的网络应用程序带来了令人兴奋的可能性。特别是，宽带短波可实现的数据速率使得在基于 IP 的网络中提供各种近实时的服务变得可行。

基于以上所述，下面三组设计目标引导了 MIL-STD-188-110C 附录 D 波形的设计。

6.4.1.1 总体设计目标

总体的设计目标是：

- 带宽为 3～24kHz，以 3kHz 递增。
- 随着数据速率降低，鲁棒性增加，不仅与减少的 SNR 有关，而且与时延扩展和多普勒扩展也有关。
- 可变长度的前导码允许天波链路使用长前导，地面波链路使用短前导。长前导对较长距离的传输也是有价值的；从浪费带宽的角度来看，丢失前导对用户消耗很大。短前导对短距离传输具有吸引力，这种传输要么承担不起延迟（语音），要么在低延迟的情况下性能更好，即使以接收时可能出现丢失为代价。
- 交织长度不依赖于前导周期。

---

① n mile，海里。

- 相同调制方法的性能与 SNR 类似于美国 MIL-STD-188-110B 中 3kHz 的波形（其中计算 SNR 的带宽是实际的波形带宽）。
- 广播功能没有数据自适应能力（即接收调制解调器必须知道所有的波形参数）。
- 咬尾 FEC 码（类似于 110B），以减少编码开销。
- 数据流速率与大多数数据终端设备兼容。

6.4.1.2　天波设计目标

天波的设计目标是：

- 至少 6ms 的多径能力。
- 与 110C/C 中长交织可以相比的长交织设置。
- 至少 8Hz 的多普勒扩展能力（对于每个带宽内数据速率最低的波形）。
- 能提供类似于 STANAG 4415 的性能的稳健的低速率调制方案。

6.4.1.3　地面波设计目标

地面波的设计目标（即最高数据速率的波形）是：

- 至少 3ms 的多径能力，以便延伸地面波链路的范围，包括来自电离层的反射（即莱斯信道）。
- 超短的交织设置（大约 120ms）和缩短的前导码，以支持延时非常低的操作。
- 无线广播波形中的传输终止（EOT）标记，以方便链路的快速周转而不需要检测数据。
- 高 FEC 编码速率（即速率为 8/9、9/10），以实现可能的最高数据速率。

6.4.2　WBHF 波形设计

新的宽带短波波形的设计类似于在第 3 章中讨论的 MIL-STD-188-110B 附录 C 中的波形，但添加了几个可以使波形更灵活的功能。

本节从 WBHF 帧的结构开始讨论，如图 6.1 所示。

在早期的波形中，每次传输以发送电平控制（TLC）块开始。TLC 不携带信息。它的存在只是用来允许无线电设备的发射增益控制（TGC）、发射机的自动电平控制（ALC）和接收机的自动增益控制（AGC）环路在实际的前导码被发送/接收之前处置。TLC 部分的长度可以随使用中的无线电设备变化。

可变长度的前导码（6.4.4 节）跟在 TLC 部分之后。这个前导码用于传输开始时可靠的同步和自动波特率适应。可变长度特性允许用户基于预期的信道条件和应用选择前导码长度。例如，海上地面波的应用可能受益于非常短的前导码，而非常具有挑战性的多径衰落信道可以从很长的前导码中受益（MIL-

STD-188-110B 附录 C 波形前导码具有固定的长度）。

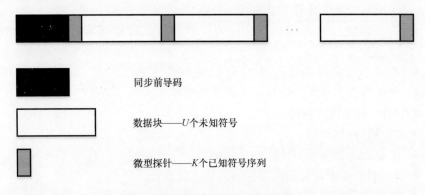

同步前导码

数据块——U个未知符号

微型探针——K个已知符号序列

图 6.1 帧结构（适用于波形 1～13）

前导码之后是交替数据符号（未知）和探针符号[①]（已知）的帧。

6.4.3 WBHF 数据调制

3～24kHz，其中每 3kHz 递增，8 个带宽可用。每个带宽的子载波频率和符号速率列于表 6.5。

表 6.5 调制、带宽和数据速率

带宽/kHz	子载波/Hz	符号速率/（符号/s）
3	1800	2400
6	3300	4800
9	4800	7200
12	6300	9600
15	7800	12000
18	9300	14400
21	10800	16800
24	12300	19200

每个带宽提供多达 13 种的不同数据速率[②]。调制方法涵盖 BFSK 到 256 进制正交幅度调制（256-QAM）。每个带宽的最低数据速率（即波形识别 ID（WID）0）是基于非常稳健的 STANAG 4415 Walsh 调制格式而形成的。

---

① 波形 0 是例外；使用 Walsh 调制，不发送探针符号。

② 波形 14 被定义为仅用于 3kHz 带宽。这是一个新的 2400b/s 波形，比原来的 3kHz，2400b/s 波形的 SNR 低。

波形的简要总结列于表 6.6，包括调制和数据速率（以比特每秒为单位）。带 "−" 的条目是在特定的带宽中不被使用的波形。通常用于提供地面波操作的条目是 WID 11 和 WID 12。

表 6.6　调制、带宽和数据速率

波形识别	调制	3kHz	6kHz	9kHz	12kHz	15kHz	18kHz	21kHz	24kHz
0	Walsh	75	150	300	300	600	600	300	600
1	2-PSK	150	300	600	600	600	1200	600	1200
2	2-PSK	300	600	1200	1200	1200	2400	1200	2400
3	2-PSK	600	1200	2400	2400	2400	4800	2400	4800
4	2-PSK	1200	2400	—	4800	4800	—	4800	9600
5	2-PSK	1600	3200	4800	6400	8000	9600	9600	12800
6	4-PSK	3200	6400	9600	12800	16000	19200	19200	25600
7	8-PSK	4800	9600	14400	19200	24000	28800	28800	38400
8	16-QAM	6400	12800	19200	25600	32000	38400	38400	51200
9	32-QAM	8000	16000	24000	32000	40000	48000	48000	64000
10	64-QAM	9600	19200	28800	38400	48000	57600	57600	76800
11	64-QAM	12000	24000	36000	48000	57600	72000	76800	96000
12	256-QAM	16000	32000	45000	64000	76800	90000	115200	120000
13	4-PSK	2400	—	—	—	—	—	—	—

6.4.3.1　PSK 和 QAM 波形

波形 1~7 和波形 13 使用教科书上的 PSK 调制，而波形 8~12 使用专门修改过的 QAM。正如第 3 章所指出的，可以通过在单位圆内合理布点来最小化 QAM 波形的 PAR，而不是使用在其他介质中更常用的方形 QAM 星座图。用于 WBHF 的 QAM 星座图如图 6.2 所示。

波形 1~7 和波形 13（使用 BPSK、QPSK 或 8PSK 调制）的数据符号和伪噪声扰码序列（如下所述）通过执行模 8 加被置乱。这导致所有这些波形在无线传输时表现出 8 PSK 特性。

波形 8~12（16-QAM、32-QAM、64-QAM 和 256-QAM）的数据符号使用异或（XOR）运算被置乱。每个符号的数据位（4bit、5bit、6bit 或 8bit）和扰码序列中相等数量的比特执行异或运算。

对于波形 1～13，扰码序列生成器的多项式是 $x^9 + x^4 + 1$，如图 6.3 所示。该图展示了 3 个输出比特；所有 PSK 波形都是这样。2^N-QAM 波形使用最右边的 N bit。生成器在每个数据帧的开始初始化为 1。

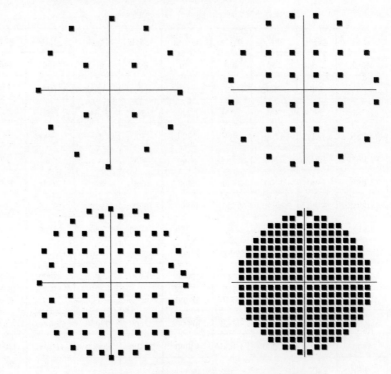

图 6.2 WBHF 波形使用的 QAM 星座图

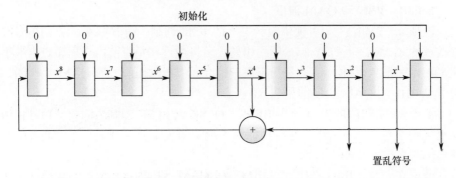

图 6.3 PSK/QAM 扰码序列生成器

每个数据符号被置乱后，生成器被移位所需要的次数，以产生用于置乱下一个符号的所有新比特（即 PSK 波形需要三次迭代，16-QAM 需要四次迭代等）。由于比特使用后生成器被迭代，每个数据帧的第一个数据符号的置乱总是使用从 00000001 的初始化值中适当数量的比特。

扰码序列的长度是 511bit。例如，对于每个符号 6bit，有 256 个符号的数据块，扰码序列将重复三次以上。然而，数据符号不会有任何重复，因为 511 与 3、4、5、6 和 8 互质。

6.4.3.2　Walsh 数据调制

波形 0 使用不同的调制技术，Walsh 正交调制。这类似于在 MIL-STD-188-110 和 STANAG 4415（3.2.2.2 节）中非常稳健的 75b/s 波形使用的 Walsh 调制。对于每对经编码和交织的数据比特，该方法产生一个 32 个符号的重复 Walsh 序列。Walsh 正交调制是按照取出的每对比特或双比特，从表 6.7 的第二列中选择一个相应的 Walsh 序列产生的。

表 6.7　Walsh 函数

比特对	Walsh 序列	备选 Walsh 序列
00	0000	00004444
01	0404	04044040
10	0044	00444400
11	0440	04404004

选定的四元素 Walsh 序列被重复 8 次，产生 32 元素的 Walsh 序列。例如，如果双比特是 01，序列 0404 被重复 8 次产生了 0,4,0,4,0,4,0,4,0,4,0,4,0,4,0,4,0,4,0,4,0,4,0,4,0,4,0,4,0,4,0,4。

然而，在任何一个交织器分组中最后一个双比特通过使用一套备用 Walsh 序列来区分（见表 6.7 最后一列），它被重复 4 次以产生一个 32 元素的序列。

每种情况下 32 元素的信道符号，通过重复的 Walsh 序列与一个特殊的 8-PSK 扰码序列执行元素的模 8 加逐个元素而产生。

6.4.4　同步前导

同步前导用于快速的初始同步，并提供时间和频率的校准。前导由两个主要部分组成，TLC 的设置时间部分，和随后的包含重复的前导超帧的同步部分（图 6.4）。

由于我们希望同步前导非常稳健，所以使用与波形 0 一样的 4 进制正交 Walsh 调制（表 6.7 的前两列）。每个信道符号的长度，以码片或符号为单位，取决于调制解调器所选波形的带宽：每 3kHz 波形带宽[①]对应 32 个符号。扩展的 Walsh 序列被置乱的方法是前导的每个子部分用不同的扰码序列置乱：固定、计数和波形识别。

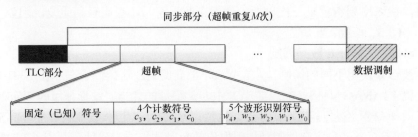

图 6.4　同步前导码结构

6.4.4.1　TLC 部分

前导码的第一部分表示为 TLC，只提供给无线电设备和调制解调器的 TGC 和 AGC，包括 8-PSK 的 N 个块。每个块中 PSK 符号的长度取决于接下来的传输中所使用的带宽。N 的值是可配置的，范围为 0~255（N =0 时，TLC 部分不发送）。

6.4.4.2　同步部分

前导的同步部分包含重复的前导超帧（图 6.4）。前导超帧由三个不同的子部分构成，一个具有固定（已知）的调制方式，一个用来传达倒计时，一个用来传达波形标识。该超帧被重复 M 次。紧接在同步部分后面的是已调数据（图 6.4）。

1.　固定的子部分

每个超帧固定的子部分由 1 个或 9 个正交 Walsh 已调信道符号组成，9 个符号是正常情况，单个固定的符号只和由于超帧不重复而缩短的前导码一起使用。每个信道符号的长度取决于带宽。对于单个 Walsh 符号的情况，双比特是 3（二进制 11），超帧仅发送一次（$M = 1$）。对于 9 个 Walsh 符号的情况，双比特的序列是 0，0，2，1，2，1，0，2，3。固定的子部分专门用于同步和多普勒偏移去除。

2.　前导倒计时子部分

下一个子部分由 4 个正交 Walsh 已调的双比特组成，记为 c_3、c_2、c_1 和 c_0，每一个双比特传送两个比特的信息。这一子部分表示 5bit 的倒计时加上 3 个奇偶校验比特。这个计数被初始化为值 $M-1$，并且随着 M 个前导码的重复

---

① 因此，每个 Walsh 信道符号的持续时间是 13.3ms，与带宽无关。

而递减，直到它在数据开始之前的最后一个超帧中达到零。

5bit 的超帧倒计时初始化为 $M-1$，其中 M 是超帧的重复次数。倒计时以二进制表示的比特记作 $b_4b_3b_2b_1b_0$，其中 b_4 是最高有效位（MSB），b_0 是最低有效位（LSB）。b_7、b_6 和 b_5 是按如下方法对 $b_4b_3b_2b_1b_0$ 进行计算所得的校验比特，其中^符号表示异或：

$$b_7=b_1{}^\wedge b_2{}^\wedge b_3$$
$$b_6=b_2{}^\wedge b_3{}^\wedge b_4$$
$$b_5=b_0{}^\wedge b_1{}^\wedge b_2$$

c_3 包含 b_7 和 b_6 两个 MSB，c_2 包含接下来的两个比特 b_5 和 b_4，依此类推。

3. 波形 ID 子部分

前导超帧的最后一个子部分由 5 个正交 Walsh 已调信道符号组成，每一个传送 2bit 的信息。这些双比特记为 w_4、w_3、w_2、w_1 和 w_0。这 10bit 代表波形 ID，包含了波形号、交织选项、卷积码长度和奇偶校验。这 10bit 标记为 $d_9 \sim d_0$。w_4 包含 d_9 和 d_8，其中 d_9 是 MSB，w_3 包含 d_7 和 d_6，依此类推到包含 d_1 和 d_0 的 w_0。

- 4bit 的波形号在 w_4 和 w_3 双比特中编码为二进制数（大于 13 的值被保留）。
- 交织器的选择为 $0 \sim 3$，在 w_2 中编码为二进制数，0 为超短交织，3 为长交织（交织在 6.4.6 节中描述）。
- 卷积码的约束长度在 w_1 的 MSB 中被编码：0 表示约束长度为 7，1 表示约束长度为 9。w_1 的 LSB 始终为 0。

3 个 LSB，d_2、d_1 和 d_0，包含 3bit 的校验和，它是对 $d_9d_8d_7d_6d_5d_4d_3$ 按如下方法计算而得，其中^符号表示异或：

$$d_2=d_9{}^\wedge d_8{}^\wedge d_7$$
$$d_1=d_7{}^\wedge d_6{}^\wedge d_5$$
$$d_0=d_5{}^\wedge d_4{}^\wedge d_3$$

6.4.5 数据块和微型探针

每个数据帧包含 U 个数据符号（未知）的数据块和随后的由 K 个已知符号组成的微型探针。已知的符号被用来跟踪随时间变化的多径信道，未知符号携带用户数据（编码和交织之后）。U 和 K 随使用中的带宽和数据速率而变化；对于 3kHz 和 12kHz 带宽的示例值列于表 6.8。

微型探针被插入到每一个数据块之后和前导码的末端，用于不基于 Walsh

的调制（即除波形 ID 为 0 之外的所有波形）。为了支持本标准广泛的比特率和带宽选择，使用了 14 种不同的微型探针序列。每种微型探针由一个循环扩展到所需长度的基本序列组成。

表 6.8　3kHz 和 12kHz 带宽的数据块和微型探针长度

波形识别	调制	3kHz			12kHz		
		数据速率/(b/s)	U/符号数	K/符号数	数据速率/(b/s)	U/符号数	K/符号数
1	BPSK	150	48	48	600	192	192
2	BPSK	300	48	48	1200	192	192
3	BPSK	600	96	32	2400	384	128
4	BPSK	1200	96	32	4800	384	128
5	BPSK	1600	256	32	6400	1024	128
6	QPSK	3200	256	32	12800	1024	128
7	8-PSK	4800	256	32	19200	1024	128
8	16-QAM	6400	256	32	25600	1024	128
9	32-QAM	8000	256	32	32000	1024	128
10	64-QAM	9600	256	32	38400	1024	128
11	64-QAM	12000	360	24	48000	1080	72
12	256-QAM	16000	360	24	64000	1080	72
13	QPSK	2400	256	32	—	—	—

微型探针也被用来识别长交织器分组边界。这是通过在长交织帧的第二个到最后一个微型探针的循环移位版本来完成的。无论实际上选择了哪个交织器，这个循环移位的微型探针的位置保持不变。当所有的交织器在长交织器分组的边界上排队时，这种特性可以用于同步广播传输，并且当接收机提前已知波形 ID 字段时提供后期输入功能。获得微型探针的循环移位版本的方法是首先循环延伸基本序列，然后移位预定数量的符号。

表 6.9 定义了微型探针的长度、生成完整的微型探针的基本序列和标志交织器分组边界的循环移位。

表 6.9　微型探针长度和基本序列

微型探针长度/符号数	基本序列/符号数	交织器边界的循环偏移/符号数
24	13	6
32	16	8
36	19	9

（续）

微型探针长度/符号数	基本序列/符号数	交织器边界的循环偏移/符号数
48	25	12
64	36	18
68	36	18
72	36	18
96	49	24
128	64	32
144	81	40
160	81	40
192	100	50
224	121	60
240	121	60
272	144	72

6.4.6 交织

4 种交织器尺寸可供 WID 1～WID 13 使用（见表 6.10）。其中只有 3 种可供 WID 0 使用（短、中等和长）。最小的交织尺寸将跨越大约 120ms，每个较大的交织尺寸都将是前一个交织长度的 4 倍。设计交织器是为了在交织器的跨度中尽可能分开已编码数据块中的相邻比特，使原本最接近的位产生最大的分离。

表 6.10 交织器选项

交织器	长度/s
极短（US）	~0.12
短（S）	~0.48
中等（M）	~1.92
长（L）	~7.68

分组交织器包括一个一维数组，从索引 0 开始到索引 $N-1$ 结束（其中，N 为以比特计的交织尺寸）。使用下面的等式将比特 n 装入交织器：

$$\text{装载位置}=（n×\text{Interleaver\_Increment\_Value}）对（N）取模 \qquad (6.1)$$

式（6.1）中的 Interleaver_Increment_Value 被挑选以使得在 FEC 解码器的输入端的比特软判决是相当平衡的（即解交织后的相邻比特在 M-PSK 或 M-QAM 星座图中具有不同的比特位置）。一套示例的增量值（对于 12kHz 的波形）列于表 6.11。

表 6.11   12kHz 波形交织器的增量值

波形 ID	交织器尺寸/符号数			
	极短	短	中等	长
0	–	41	145	577
1	73	289	1153	4633
2	73	289	1153	4633
3	97	385	1537	6193
4	97	385	1537	6193
5	129	513	2049	8321
6	257	1025	4097	16642
7	385	1537	6145	24961
8	513	2049	8193	33281
9	641	2561	10241	41603
10	769	3073	13057	49921
11	811	3241	13771	52651
12	1081	4321	18361	70201

选择合适的增量值以确保增信删余码联合循环与每个符号中比特位置的分配对于正在使用的特定星座来说和没有发生交织是一样的。对于 7~12 的波形这是很重要的，因为星座图上的每个符号包含强比特和弱比特位置。强比特位置是比特为 0 的所有星座点和比特为 1 的最近的点之间平均距离大的位置。通常，MSB 是强比特位置，LSB 是弱比特位置。如果交织策略不能按照这些比特没有交织前的方式均匀分配，可能会降低性能。

增量值的一个附加约束条件是，可能的话，解交织后的相邻比特必须被无线传输的已知/未知帧的若干个交替块分隔开。交织尺寸越大，分隔距离越大。这个约束条件有助于改善缓慢衰落信道的性能。

6.4.7   FEC

新的宽带短波波形并没有考虑使用迭代代码，因为存在标准应与任何知识产权无关的持续要求（Turbo 码是专利技术）。因此，编码新的宽带波形选择使用已在 110A 和 110B 中使用超过 20 年的标准的 1/2 速率、约束长度为 7 的卷积码，同时也增加了约束长度为 9 的卷积码以提供额外的编码保护，其代价是计算复杂度增加。为了额外的多功能性，使用重复编码和删余码创建一个广泛的编码选项，以便实现表 6.6 中所示的数据传输速率。

非常高的编码速率（即 8/9、9/10）被用来获得最高的数据速率（对于地面波链路来说）。然而，卷积码非常高的删余会导致非常薄弱的代码。因此加入了可选的约束长度为 9 的卷积码，因为在高度删余时它是一个强大得多的代码。WBHF 标准的用户们可以选择 $K = 7$ 或 $K = 9$ 的编码。

表 6.12 提供了用于每种调制和带宽的编码速率。表 6.13 提供了删余和重复模式。注意，删余模式也可以在文献[14]找到。带有"—"的条目再次表示未被使用的组合。

表 6.12　调制、带宽和编码速率

波形识别	3kHz	6kHz	9kHz	12kHz	15kHz	18kHz	21kHz	24kHz
0 - Walsh	1/2	1/2	2/3	1/2	2/5	2/3	2/7	1/2
1 - 2-PSK	1/8	1/8	1/8	1/8	2/12	1/8	1/16	1/8
2 - 2-PSK	1/4	1/4	1/4	1/4	1/6	1/4	1/8	1/4
3 - 2-PSK	1/3	1/3	1/2	1/3	1/3	1/2	1/4	1/3
4 - 2-PSK	2/3	2/3	—	2/3	2/3	—	1/2	2/3
5 - 2-PSK	3/4	3/4	3/4	3/4	3/4	3/4	2/3	3/4
6 - 4-PSK	3/4	3/4	3/4	3/4	3/4	3/4	2/3	3/4
7 - 8-PSK	3/4	3/4	3/4	3/4	3/4	3/4	2/3	3/4
8 - 16-QAM	3/4	3/4	3/4	3/4	3/4	3/4	2/3	3/4
9 - 32-QAM	3/4	3/4	3/4	3/4	3/4	3/4	2/3	3/4
10 - 64-QAM	3/4	3/4	3/4	3/4	3/4	3/4	2/3	3/4
11 - 64-QAM	8/9	8/9	8/9	8/9	8/9	8/9	4/5	8/9
12 - 256-QAM	8/9	8/9	8/9	8/9	8/9	5/6	9/10	5/6
13 - 4-PSK	9/16							

表 6.13　删余和重复模式

编码速率	$K=7$ 删余模式	$K=9$ 删余模式	重复次数
9/10	111101110 100010001	111000101 100111010	不适用
8/9	11110100 10001011	11100000 10011111	不适用
5/6	11010 10101	10110 11001	不适用

（续）

编码速率	K=7 删余模式	K=9 删余模式	重复次数
4/5	1111 1000	1101 1010	不适用
3/4	110 101	111 100	不适用
2/3	11 10	11 10	不适用
9/16	111101111 111111011	111101111 111111011	不适用
1/2	不适用	不适用	不适用
2/5	1110 1010	1110 1010	1/2 重复 2×
1/3	不适用	不适用	2/3 重复 2×
2/7	1111 0111	111 0111	1/2 重复 2×
1/4	不适用	不适用	1/2 重复 2×
1/6	不适用	不适用	1/2 重复 3×
1/8	不适用	不适用	1/2 重复 4×
1/12	不适用	不适用	1/2 重复 6×
1/16	不适用	不适用	1/2 重复 8×

6.4.8　标准化的功能包

为了帮助构建 WBHF 调制解调器的市场，该标准规定了三个功能块：

- WBHF 块 1 包括所有的波形，但只在 3kHz 信道上使用，且 FEC 的约束长度仅为 7。与上一代 3kHz 短波调制解调器相比，WBHF 块 1 调制解调器的主要优点是改进的 2400b/s 波形。另外 WBHF 块 1 也可以获得稳健的 1600b/s 波形以及 12kb/s 和 16kb/s 新的地面波波形。

- WBHF 块 2 包括带宽为 3kHz、6kHz、9kHz 和 12kHz 的所有波形。与之前的短波数据调制解调器相比，WBHF 块 2 向能够获得高达 12kHz 信道分配的用户们提供高得多的数据速率。和在块 1 中一样，块 2 中 FEC 的约束长度仅为 7。

- WBHF 块 3 包括所有的 WBHF 功能：所有的波形、用于所有波形的两种 FEC 模式以及高达 24kHz 的带宽。

6.4.9 WBHF 性能要求

WBHF 调制与上一代短波数据调制解调器的相似性导致了在 SNR 方面两者有相似的性能（请记住在有两倍带宽的信道上实现相同的 SNR，功率也需要增加一倍）。因此，WBHF 波形的性能要求可以呈现在一张与带宽无关的表中（表 6.14）。表 6.14 列出了少数特殊情况（如一些波形在某些带宽上不可用的情况）。

表 6.14　WBHF 性能要求

波形识别	误比特率小于 10^5 时的平均 SNR/dB		异常
	AWGN 信道	不良信道	（针对特定的带宽）
0	−6	−1	仅针对 9kHz 不良信道：允许增加 1 dB
1	−3	3	
2	0	5	
3	3	7	9 kHz：允许额外 1 dB（针对两种信道）
4	5	10	这个波形在 9kHz 或 18kHz 信道中不可用
5	6	11	
6	9	14	
7	13	19	
8	16	23	
9	19	27	
10	21	31	仅针对 24kHz 不良信道：在误比特率不大于 1.0^{-4} 下测试，允许 SNR 为 33 dB
11	24	—	
12	30	—	
13	6	11	这个波形仅在 3kHz 信道中可用

AWGN 信道指具有单个非衰落路径的地面波信道。为了获得可靠的测试结果，每种条件下必须测试至少 60min。

不良信道指天波信道，具有两个独立的、平均功率相等的瑞利衰落路径，两路径之间有固定的 2ms 延迟，与 1Hz 的衰落（双差）带宽（即 ITU-R 中纬度干扰信道）。为了获得可靠的测试结果，每个条件下必须测试至少五小时。

6.5　WBHF 应用性能

现在回到 6.2 节中介绍的 WBHF 应用，并且使用分析和仿真估计新的 WBHF 波形的性能。Johnson 在 WBHF 标准制定前提出了一个假设的 12kHz WBHF 调制解调器的性能估计[2]。这里提出了一个类似的分析，不同之处在于考虑了使用 12kHz 和 24kHz 调制解调器实际所需的性能。在 12kHz 和 24kHz 信道上对于所选择的数据速率的 SNR 要求列于表 6.15。

表 6.15　12kHz 和 24kHz 波形的 SNR 要求

波形识别	10^{-5} 误比特率时的 SNR/dB		数据速率/（b/s）	
	地面波	天波	12kHz	24kHz
12	30	–	60000	120000
10	21	31	38400	76800
9	19	27 ·	32000	64000
7	13	19	19200	38400
6	9	14	12800	25600
4	5	10	4800	9600
2	0	5	1200	2400
0	–6	–1	300	600

6.5.1　应用性能评估：文件传输

我们的第一个应用评估了 WBHF 在有限的时间内传输文件的好处。在这里，地面上的一个单元上载文件到一架快速飞过该地区的飞机。只要飞机在通信范围内，超视距（ELOS）链路就建立。在文件上载的机会中，SNR 从链路建立（SNR 最小）到飞机飞过头顶（SNR 最大）可以变化 100dB（受无线电设备能力的限制）；当飞机远离发射机时，SNR 将再次下降。因此，我们采用 STANAG 5066 ARQ 协议来适应飞行过程中的数据速率。

为了对使用宽带波形做出公正的评价，我们使用固定的射频输出功率（10～1000W）比较了 3kHz、12kHz 或 24kHz 波形在飞机飞行过程中能够发送的数据量。因为固定的功率输出在较窄的带宽将产生更高的 SNR，窄带系统将在所有范围内具有 SNR 优势，并且可能能够将数据传递到所述 WBHF 系统范围以外的地方。

这里建模了两种场景：

- 首先考虑固定基地的场景。天线高于地面 30ft[①]，将文件发送给在地平面以上（AGL）30000ft 以每小时 500n mile 飞行的飞机。在这种场景中，窄带发射机能够与距离在 100～250mi[②] 范围内的飞机连接，取决于发射机功率。然而，宽带系统必须等待直到飞机更接近（如窄带系统可以在 100mi 外开始发送数据，而宽带系统需要 75mi）。图 6.5 中可以看到在有限的飞行时间内，宽带系统基本上能够比窄带系统发送更多的数据。12kHz 系统中，宽带发送的数据是窄带的 2.6～2.9 倍；24kHz 系统中，宽带发送的文件大小是窄带的 3.8～4.5 倍。

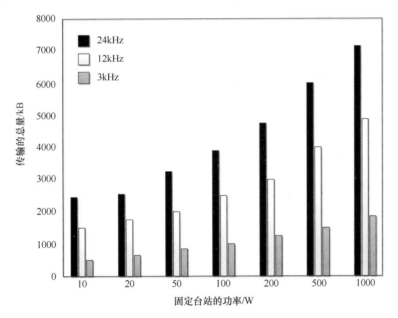

图 6.5　固定基地场景下的文件传输

- 现在，考虑仅高于地面 10ft 竖立着的战术天线与地平面以上 5000ft 以每小时 600n mile 飞行的飞机的仓促连接。在这种又低又快的场景中，文件上载可用的时间显著减少。较低的飞机高度减少了链路能够建立的范围，更高的速度减少了飞机处于该范围内的时间。窄带发射机能够在距离为 30～75mi 的范围内与飞机建立连接，而宽带系统在 17～

---

① 英尺，1ft≈0.305m。

② 英里，1mi≈1.61km。

50mi 范围内连接。再次，尽管宽带系统覆盖范围较小、SNR 降低，其较高的峰值吞吐量足以提供飞机飞过战区时获得 2.4～4.3 倍的数据量（图 6.6）。

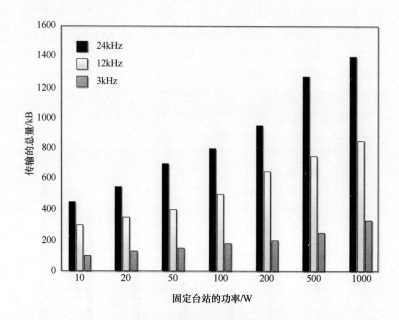

图 6.6　低空快速场景下的文件传输

6.5.2　应用性能评估：短波天波信道的视频传输

在视频应用中再次考虑两个场景：一架无人机通过长距离天波链路传送视频，一个地面观测站使用 NVIS 路径给相距一个山谷的观察员传输实时视频。在这两种情况下，我们使用对于天波信道来说足够稳健的波形（即，非 WID11 和 WID12 波形）来发送 H.264 压缩的视频流（每秒 15 帧，分辨率为 160×120）。我们注意到在利用 WBHF 无线传输视频的测试（6.6.2.1 节）中，低于 19200b/s 的数据速率用于携带实时视频不是非常有用。

假设 H.264 压缩应用将视频流切片，以匹配 MAC 层中使用的数据包的大小（如 300 个字节），因此数据包丢失就不会导致视频流的严重损坏。用 1% 的丢包率作为边缘视频质量的阈值，这里设置 BER 的阈值为 $3×10^{-6}$（这是相当保守的，因为它忽略了天波信道中错误的特征性突发）。适用于天波视频的各种 12kHz 和 24kHz 波形所需要的 SNR 阈值以及 12kHz 和 24kHz 信道相应的 SPNDR，在表 6.16 中列出。

表 6.16　误比特率不大于 3×10^{-6} 时 12kHz 和 24kHz 波形的 SNR 阈值

波形识别	数据速率（b/s）		3×10^{-6} 误比特率时预期的 SNR/dB	3×10^{-6} 误比特率时预期的 SPNDR/dB	
	12kHz	24kHz		12kHz	24kHz
10	38400	76800	34	75	78
9	32000	64000	29	70	73
7	19200	38400	22	63	66
6		25600	17		61

6.5.2.1　无人机场景

虽然通过 WBHF 从无人机发送视频是一个令人兴奋的前景，但我们必须先克服一些不直接与信道带宽相关的挑战。特别是，约 9MHz 以下小型飞机的辐射效率差，在 6MHz 约有 10dB 的损失，6MHz 以下损失增加[15]。此外，较小的无人机可用的有效载荷功率可能不足以用于长距离短波链路。然而，对于中型至大型的无人机，考虑在一千英里及更远的范围内通过短波下行传输视频是可行的。

为了评估可行性，我们分析了无人机上的一个 1kW 的短波发射机，其天线增益为 0dBi。接收机在 1515km 处，使用水平对数周期天线。图 6.7 中展示了这种场景在六月份平滑太阳黑子数（SSN）为 55 时的 SNR 密度（来自 VOACAP）。

对于这种情况，一整天中都有频率能提供至少 65dB/Hz。参考表 6.16，12kHz 的 WBHF 系统将能够一整天以 19.2kb/s 的速率传送视频，一天中大部分时间具有更高的数据速率。如果使用 24kHz 的 WBHF 系统，将至少有 25.6kb/s 的视频质量，一天中大部分时间有 38.4kb/s 甚至是 64kb/s 更高质量的视频。因此，通过长距离短波天波信道下行传输无人机的视频看来是可行的。

6.5.2.2　NVIS 场景

对于通过 WBHF 传输实时视频的另一种应用，考虑落址与用户相距一个山谷的无人观测站。观测站和用户之间的山脊阻止了视距通信，并要求使用 NVIS 短波路径。我们在观测站放置一个 400W 的战术 WBHF 无线电设备和水平偶极天线，并在接收站点使用水平八木天线。VOACAP 对这个路径上的 SPNDR 的预测（仍然是 6 月份、SSN=55）示于图 6.8。

我们再次发现，在 NVIS 路径上每小时至少有 65dB 的 SPNDR 可用。这表明，我们应该能够沿 NVIS 路径以及电路良好设计时沿长距离路径传送质量可以接受的实时视频。

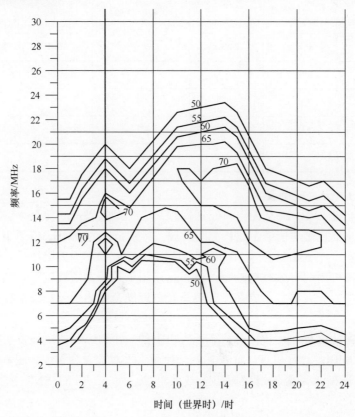

图 6.7　六月、SSN=15、1kW 发射机、1515km 路径设置时的 SNR 密度

6.5.3　应用性能评估：通用作战图

可以从 3.4 节海军战斗群 LAN 的讨论中得出示例地面波场景：一组 6 只海军舰艇使用令牌传递共享一个（宽带）信道。然而，代替那里考虑的较低数据速率的应用，我们现在调查地面波局域网维持更高的带宽消息发送的能力，以保持一致的通用作战图（COP）。宽带短波信道提供的更高的数据速率允许使用通用的 IP 网络。但是，与某些 IP 应用相关的开销对短波承担者来说可能是不切实际的，如 5.8 节指出。

在这个应用中，当令牌循环时战斗群成员与其他节点交换信息。最大的令牌任期被任意设定为 9.6s（包括发送 ACK 和令牌的时间），IP 数据可选择在前面（如 COP），以 64kb/s 或 120kb/s 发送（分别对应 12kHz 和 24 kHz 信道）。
链路周转时间为 1s。

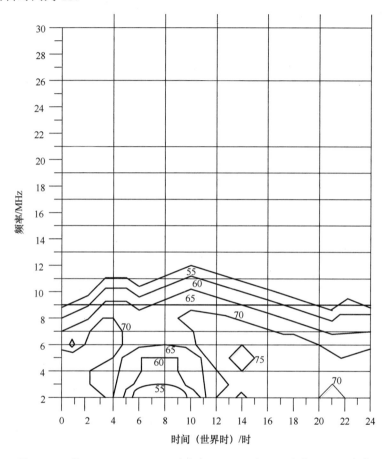

图 6.8　六月、SSN=55、400W 发射机、NVIS 路径设置时的 SNR 密度

　　假设一艘船（指定为节点 A）经卫星通信接收到一个 COP 下行传输，并
通过 WBHF 局域网将此数据流的过滤子集推送给战斗群的其余部分。因此，
节点 A 每次接收到令牌时就发送数据分组。其他船只并不总有数据要发送；在
本实验中，它们所拥有的发送机会的比例将有所不同。

　　其他船只的信道接入考虑两种情况：①轮询：节点 A 接收到一半的令牌使
用权，与其他船只交替。②点对点网络：节点 A 每次令牌旋转中接收一个令牌
保留期。

　　我们的性能指标是地面波超视距局域网的总吞吐量，它是节点 A 以外的其

他船只使用发射机会的分数的函数。

将三个系统进行比较：①当前的 2-ISB（6kHz）系统，配备 19.2kb/s 的调制解调器；②12kHz 的 WBHF 系统，配备 64kb/s 的调制解调器；③24kHz 的 WBHF 系统，配备 120kb/s 的调制解调器。

在轮询情况下（图 6.9），我们可以看到与 2-ISB 系统相比，12kHz 的 WBHF 系统尽管只使用了两倍的带宽，但是使吞吐量增加了超过三倍多。这是被引入到 WBHF 一代调制解调器中更积极的地面波波形（WID 12）的直接结果，该波形拥有更高速率的 FEC 和 256-QAM 星座图。24kHz 的系统比当前的 2-ISB 系统获得了六倍多的改善。

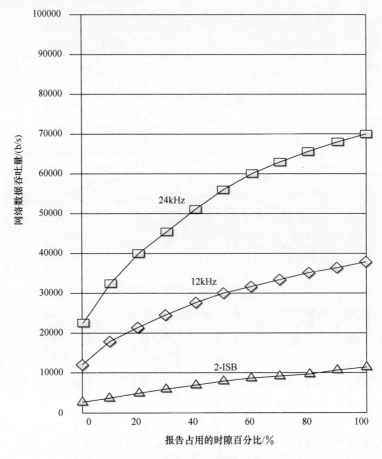

图 6.9　COP 场景中的轮询吞吐量

在点对点网络场景中（图 6.10）我们看到非常相似的结果，但普遍都有更高的吞吐量，这是因为我们花费了更少的链路周转时间。在轮询情况下，当节点 A 发送令牌给每个其他台站时每个完整的轮询周期需要 10 次链路周转。那个台站然后返回令牌，以及任何 ACK 信号和数据。在点对点网络的情况下，一个完整的令牌循环仅需要 6 次链路周转。每个节点发送数据、ACK，然后是令牌。

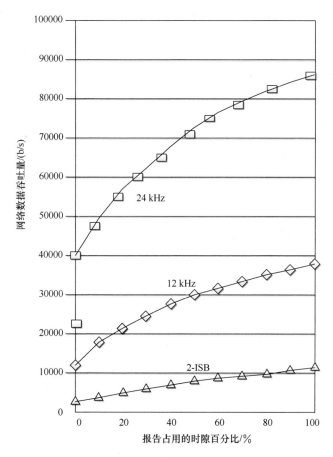

图 6.10　COP 场景中的点对点吞吐量

6.5.4　稳健的语音通信

　　然而，WBHF 波形提供的另一个有趣的新功能是在非常低的 SNR 下跨视距发送数字语音的能力。最近被标准化的 600b/sMELP 声码器（STANAG 4591）提供了良好的语音清晰度，BER 可达约 10^{-2}。在 24kHz 的信道使用非常稳健的 Walsh 编码波形，速率为 600b/s，我们应该能够在信号电平远低于噪声基底时可靠地进行语音通信。

6.6 无线传播测试

WBHF 调制解调器的工程原型的研发甚至在标准化进程启动之前就开始了。其结果是，在标准化即将完成时无线传输这些波形的大量实验结果可用。下面总结了一些实验结果。

6.6.1 Harris 无线测试

2011 年 4 月，新的宽带短波数据调制解调器标准的无线测试在由 Harris 开发出的美国 MIL-STD-188-110C 的原型实现上进行。该无线传播测试有三个目的：①测试和评价原型宽带短波数据调制解调器的操作；②积累在小范围内操作宽带短波系统，NVIS 链路通信的经验，这是典型的战术军事场景；③执行 Harris 频谱感知方法的首次无线传播测试和评估，作为未来宽带短波自动链路建立系统的一个组成部分（第 7 章）。

6.6.1.1 设备和链路详细信息

被测链路是纽约罗切斯特市的 Harris 射频通信部和位于纽约斯托克布里奇区的一个租用测试设备之间的一条主要为东西向的链路。两地距离大约是 100mi。罗切斯特是一个具有相当高噪声环境的城市环境。斯托克布里奇是一个具有低噪声环境的农村环境。

罗切斯特站使用 Harris RF-5800、400W 的短波无线电系统和一个宽带偶极天线。维罗纳–斯托克布里奇站使用 Harris RF-5800、125W 的系统，包括一个 prepost 选择器、一个 RF-382 天线耦合器和一个 RF-1912 风扇偶极天线。这两个站点还包括了原型宽带短波系统和一台用来控制和数据记录的笔记本电脑。为了与测试战术短波通信链路的目标保持一致，两个天线——而不是移动式鞭状天线——被认为是可以相对迅速建立的现场应急天线。测试在几天内完成，每天从当地时间大约 8 时开始至 17 时结束。

图 6.11 包含沿这个链路传播的 VOCAP 预测。使用了准确的天线模型，以 200W 的平均功率评估该链路。在传播频率的范围方面，这种预测被证明是极其精确的。白天所有的数据传输都是在 4～7MHz 范围内所分配的频率上进行的。

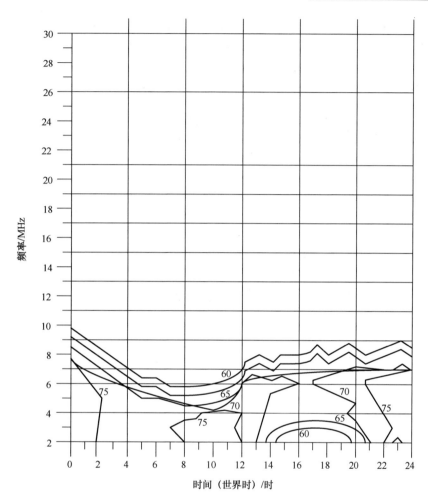

图 6.11　从纽约罗切斯特到斯托克布里奇的 VOACAP 传播预测[17]

6.6.1.2　测试程序

整个宽带短波测试包含下列程序：

- 每个测试从起源于罗切斯特的 STANAG 4538 3G ALE LQA 交换开始。这提供了一个机制，以确定频率集中哪些频率在传播，以及它们的信噪和多径扩展（这些频率由 FCC 用于宽带短波测试和评估的特殊的临时授权进行分配）。3G ALE LQA 交换只使用恰在中心频率上方的 3kHz。
- 从这些频率中挑选几个频率，并且在所选的每个信道上运行频谱感知。记录每个频率接收信号的强度。
- 最后，选择测试频率，以及带宽和波形类型。应当指出的是，虽然目标是在链路上发送数据，但是并不总是选择最好或最佳的频率。基于 3G ALE 链路估计，选择具有不同量的多径和衰落的频率以测试在各种信道条件下宽带短波的效用。

在每个宽带短波数据调制解调器接收期间，由计算机记录比特错误、包含错误的 1000bit 的数据包、估计的 SNR 值和短波信道脉冲响应。然后，该测试程序全天重复进行。

6.6.1.3 测试结果

表 6.17 总结了在罗彻斯特–斯托克布里奇链路上数日的测试结果。对于被测的每个带宽和比特率的组合，表格列出了无线传输的总秒数，并对所有尝试过的测试时间求和。表格还列出了在整个无线传播测试的持续时间内无差错传输的秒数和被无差错传送的数据量（以 MB 为单位）。表格的最后一行显示，无线测试的总时间是 20367s，其中 18033s 是无差错的。在无线传播测试的过程中，几乎有 128MB 的数据从罗彻斯特传输到斯托克布里奇。表格还显示，测试时间和传送的数据的显著部分是在 51200b/s、64000b/s 和 76800b/s 处。

表 6.17　2011 年四月，纽约罗彻斯特到斯托克布里奇链路测试结果总结

带宽/kHz	比特率/（b/s）	总秒数/s	无差错秒数/s	无差错占比/%	传输的无差错数据/MB
12	32000	826	826	100	3.3
12	38400	720	662	92	3.2
21	38400	620	620	100	3.0
18	48000	586	566	96.6	3.4
24	51200	6100	6007	98.5	38.4
24	64000	9596	8272	86.2	66.2
24	76800	1919	1080	56	10.4
总量		20367	18033	88.5	127.9

图 6.12 和图 6.13 显示了相邻两天大约在 12:00～13:00 收集到的 SNR 和错误分布，午休时方便地自动测量得到。图 6.12 表明深 SNR 衰落与错误的发生之间有明显的相关性，符合预期。图 6.13 在伴有快衰落、SNR 较低时存在单个突发错误。

图 6.14 显示了典型的短波信道脉冲响应，在测试期间由宽带短波数据调制解调器测量得到。信道脉冲响应是接收信号的功率量对时间延迟的一个估计，

并给出传播模式或路径数量、它们之间相对的时间延迟以及相对功率的直接测量结果。当短波数据调制解调器跟踪不断变化的短波信道条件时，这个估计在整个接收过程中不断更新。

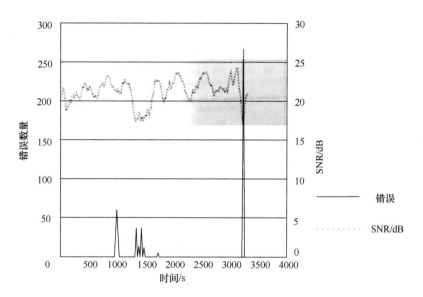

图 6.12 24kHz、64kb/s、95.4%无错、25.45MB 无错（经过文献[17]允许转载）

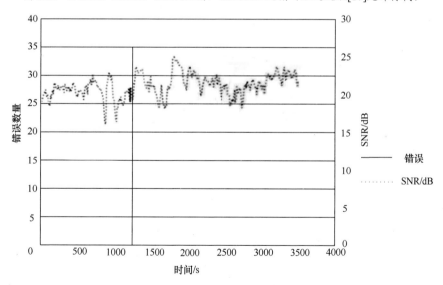

图 6.13 24kHz、51.2kbps、99.7%无错、22.45MB 无错（经过文献[17]允许转载）

虽然这两张图来自两个不同的测试，但是它们非常相似。两张图都表明三种模式或路径的存在。前两条路径延迟比较接近，图 6.14（a）中为 0.15ms，图 6.14（b）中为 0.3ms。两种情况都表明有第三条衰减的延迟路径，相比首条路径大约延迟 2ms。应当注意的是，所关注的延迟是路径之间的相对延迟，路径的绝对延迟不存在任何意义，仅仅用于数据调制解调器对于所接收的信号设置校准。另外请注意，在接收过程中这些路径是动态的和衰落的；实际上这个衰落过程的频谱与多普勒扩展或衰落速率的定义有直接关系。

6.6.1.4 长距离测试

类似于在上一节中描述的测试在从纽约的罗切斯特到佛罗里达州墨尔本的链路上重复。设备和先前的测试相同；然而，在链路的两端天线变成对数周期天线。

表 6.18 强调了本次测试三天的结果。总共 324.76MB 的数据被传送。在本次测试过程中 84%的数据接收实现了时间无差错接收。

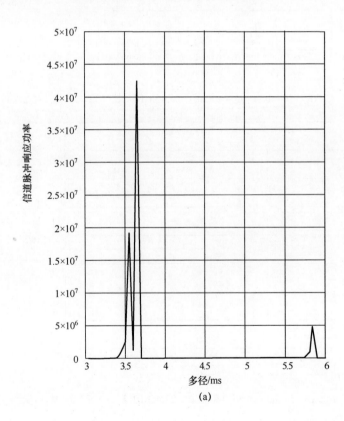

(a)

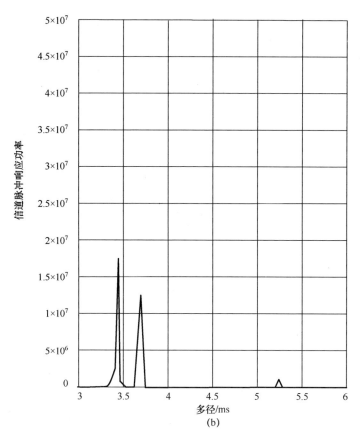

图 6.14　短波信道脉冲响应（经过文献[17]允许转载）

表 6.18　罗切斯特-墨尔本链路传输的数据

带宽/kHz	比特率/（b/s）	总秒数/s	无差错秒数/s	无差错占比/%	无差错数据/MB
24	12800	622	622	100	0.995
3	16000	51	38	75	0.076
6	24000	1179	854	72.4	2.55
24	25600	296	296	100	0.94
24	38400	660	611	92.6	2.94
12	48000	595	489	82.2	2.93
24	51200	5904	4794	81.2	29.488
18	57600	261	95	36.4	0.69
24	64000	12525	11597	92.6	95.32
24	76800	9583	7330	76.5	70.366
24	96000	11874	9868	83.1	118.46

6.6.2   Rockwell-Collins 无线传播测试

Rockwell Collins 公司和 Harris 公司独立进行的宽带短波调制解调器原型开发，引起了 MIL-STD-188-110 技术咨询委员会（TAC）主席 Eric Johnson 关注。他向两家公司提出建议：如果可以制定一个可互操作的标准，而不是开发竞争产品，这样对于有关各方来说会更好。

2009 年 8 月 5 日，在拉斯克鲁塞斯新墨西哥州立大学的物理科学实验室举办了第一届宽带短波研讨会，这两家公司以及其他 TAC 成员受邀参加。在这次会议上，很显然 Harris 和 Rockwell Collins 两家公司针对宽带短波问题正在采用类似的方法。两家公司都在研发单音串行方法以及用于更高数据速率的 QAM 星座图。在会议上清晰的一点是，对双方的设计方法做一些相对温和的改变可以达成可互操作的标准。

从 Rockwell Collins 公司的角度看，作为研讨会的成果最显著的变化是决定考虑高至 24kHz 的带宽，其在研发中的设计假设只有 12kHz 可用。这次会议的成果是决定寻求宽带短波标准的协同发展。第二届研讨会在当年 11 月举行，草案在 2010 年初提交给 TAC 审议。

Rockwell Collins 研发中的宽带短波调制解调器原型使用的波形和如今在附录 D 中看到的用于 6kHz 和 12kHz 带宽的波形非常相似。

- 波形使用相同的 256QAM 和 64QAM 星座图，以及在最高的数据速率上未知数据和已知探针序列具有相同的块大小。
- 前导部分是完全不同的，在本质上与 STANAG 4539 前导非常相似，而不是使用 MIL-STD 串音的 Walsh 符号方法。对于较高的数据速率，这种方法提供绰绰有余的采集特性。

虽然清楚最后的 MIL-STD 宽带波形设计会和最初的原型不同，但是仍然做出决定要完成研发，并用它来进行无线传输测试，为的是更好地理解宽带波形实地使用时可能出现的任何问题。由于预期原型和最终设计之间高度的通用性，似乎有可能从使用原型所获得的结果中外推出最终设计的性能，至少可以推测高达 12kHz 带宽的情况。2009 年秋，按设计完成实施，FCC 批准用原型进行无线传输测试。

2010 年 1 月，开始 12kHz 的原型宽带短波波形的第一次无线传输测试，在爱荷华州的锡达拉皮兹附近进行本地测试，使用地面波传播。获得了高达 32kb/s 的数据速率。

2 月 12 日，在爱荷华州的锡达拉皮兹和德克萨斯州的理查德森之间进行的天波测试获得了 38.4kb/s 的数据传输速率。2 月 17 日，德克萨斯州的理查德森使用分集接收，让高达 64kb/s 的数据传输速率可以成功运作。如前所述，对于 12kHz 的带宽，这个数据速率预计不可能用于天波操作，所以这种早期的成功是令人惊讶的。所有测试都使用性能好的天线：可旋转的对数周期天线、十六进制对数周期天线和大型全向单极天线，发射功率为 90W～4kW。在许多情况下，用 200W 或更小的发射功率就可以成功获得比较高的数据速率。

图 6.15 和图 6.16 表示接收到的 12kHz 波形的星座图。在图 6.15 中，我们看到没有分集时 38.4kb/s 的接收速率，图 6.16 表示分集存在时接收速率为 64kb/s。

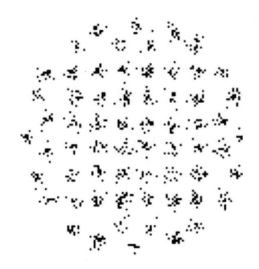

图 6.15 接收到的星座图——12kHz 中速率 38.4kb/s、无分集

（© 2010 IEEE 经过文献[18]允许转载）

图 6.17 表示在 64kb/s 的扩展分集接收过程中观察到的数据块错误。每个块包含 1000bit，该图的水平轴上每次递增包含 1000 个数据块。一个块中单个比特的错误导致数据块错误。检查一下该图发现有许多无差错的间隔。最高的误码段仍然有超过 80％的无差错块。显然这将非常有效地支持带 ARQ 方案的数据传输。

Rockwell Collins 公司的 WBHF 测试和研发的下一个主要步骤是参与 2011 年 3 月的三叉戟勇士演习。在这次演习中， WBHF 原型系统被安装在北美的 4 个站点（图 6.18）：渥太华（加拿大安大略省）；锡达拉皮兹（爱荷华州）；理查德森（德克萨斯州）和拉斯克鲁塞斯（新墨西哥州）。路径长度大约为

1000～3000km。

图 6.16　接收到的星座图——12kHz 中速率 64kb/s、存在分集

（© 2010 IEEE 经过文献[18]允许转载）

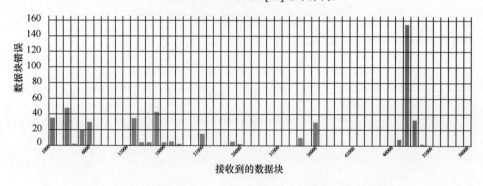

图 6.17　接收包错误率——带宽 12kHz，速率 64kb/s、存在分集

（© 2010 IEEE 经过文献[18]允许转载）

- 调制解调器和射频设备由 Rockwell-Collins 公司提供。锡达拉皮兹使用 4kW 的系统，而其他地方被限制到 1kW。在三叉戟勇士演习中所有系统被限制在 18kHz 的带宽，但是 24kHz 的带宽可用于以后的测试。

- 实现了 STASAG 5066 令牌传递协议（3.4 节）的网络控制器由位于加利福尼亚州圣迭戈的美国海军 SPAWAR 系统中心提供。

- 拉斯克鲁塞斯和锡达拉皮兹使用可旋转的对数周期天线。理查德森使用全向 TCI-CMV330 低起飞角的短波天线，渥太华使用倾斜的 V 形天线。

6.6.2.1　WBHF 应用演示

使用这个原型 WBHF 网络，充分证明了 WBHF 沿天波路径传送实时视频的能力。在一次测试中，全动态彩色 H.264 视频以 38.4kb/s 的速率（18kHz 的带宽）从拉斯克鲁塞斯到锡达拉皮兹（1700km）流式传输了 75min，没有同步丢失。视频流是每秒 15 个帧，帧尺寸随数据速率缩放。演示的数据速率范围为 19.2～120kb/s。

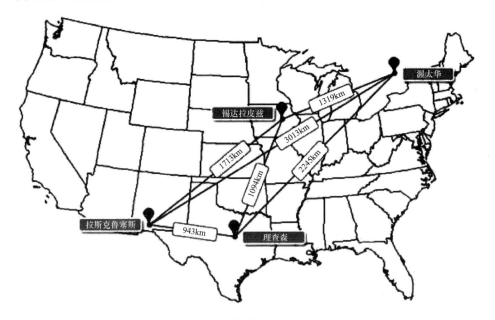

图 6.18　三叉戟勇士无线传输测试

使用这个网络，还演示了沿短波天波信道进行可靠的文件传输，包括通过 WBHF 成功将 FTP 服务器程序（FileZilla Server 安装程序，一个 1.6MB 的文件）从拉斯克鲁塞斯传送到渥太华。此文件在接收和安装之后成功运行。随后使用该 FTP 服务器应用程序，两个站点之间交换了几种文件类型。这无疑是通过宽带短波开源软件分发的第一个实例！

6.6.2.2　沿天波路径的宽带 HFIP 演示

美国海军短波互联网协议（HFIP）系统使用 STANAG 5066 短波子网服务实现了互联网协议和互联网应用，使用附录 L 令牌传递 MAC 协议。它被设计成在一个战斗群内运行，使用共享（地面波）信道。三叉戟勇士 HFIP 测试探索了在天波链路使用这个系统涉及的问题。

测试台站之间路径的长度和取向范围宽泛，找到能在所有链路上传播良好的一个频率是具有挑战性的。因此，在一个折中的频率上创建了 4 个节点的令牌传递网络。链路速度变化范围为 19.2～38.4kb/s（在 18kHz 信道上）。

在天波网络中使用 HFIP 可从分频操作中获益，其中使用不同的频率用于发射和接收。例如，图 6.19 所示的网络可以在独立选择的频率上运行，正如图 6.16 所示（这些频率是使用 VOACAP 根据当时测试过程中的条件选择的）。

图 6.19　多频 HFIP 环

然而，为了全面运行，每个台站都需要在所示的两个频率上侦听业务，确认信号和令牌。如果 MAC 协议持续跟踪哪个电台持有令牌，并且保持一张一致的频率表，每个台站将使用表上的频率给其他台站传送数据，则可以使用单个收发器。

6.6.2.3　天波吞吐量的测量

在三叉戟勇士演习中，使用 HFIP 协议来在由 WBHF 建立的短波通信链路上建立一个 IP 网络。演习的目标之一是确定什么用户数据速率可以获得网络中各种调制解调器和 HFIP 设置的支持。表 6.19 显示了各种组合下在 4 个站点之间的链路上获得的具有代表性的用户吞吐量。TCP 窗口大小的影响清楚地展示了这种环境下 MAC 层协议与传输层协议之间的互动。出于这个原因，当在这种类型的链路上采用 TCP 时，TCP 代理是高度可取的。

表 6.19 三叉戟勇士天波吞吐量测试

节点	调制解调器 数据速率/（kb/s）	交织器	TCP 窗口/kB	吞吐量/（kb/s）
锡达拉皮兹和 理查森	38.4	短	64	24.1
	57.6	短	64	22.6
	57.6	短	64	35.8
拉斯克鲁塞斯和锡达 拉皮兹	57.6	极短	64	14.5
	57.6	极短	64	14.0
	57.6	极短	500	46.9
锡达拉皮兹（CR）和 渥太华（O）	72(CR),48(O)	短	64	17.3
	72(CR),48(O)	短	500	53.5

6.6.2.4 WBHF 交织性能研究

工程师在实现可操作的短波网络时考虑的一个因素是交织尺寸。在仿真中，对于给定的 SNR，较长的交织测得的误码率几乎总能提供明显更好的性能。在系统的设计中不得不做出的折衷方案是判断特定的应用是否可以容忍较长的交织强加的延迟。对于令牌传递方案（如 HF-IP）或 TDMA 协议（如 MARLIN、STANAG 4691 草案），额外的延迟意味着更长的周期时间，以及从网络响应的角度来看通常有更差的用户体验。因此，这些类型的系统设计者们通常在这些系统中使用两个最短的交织中的一个。目前已进行了一些有限的无线传输测试，目的是确定在仿真中见到的性能损失是否是实际工作条件的反映。

图 6.20～图 6.23 展示这样一个测试的结果。在这种情况下，传输起源于爱

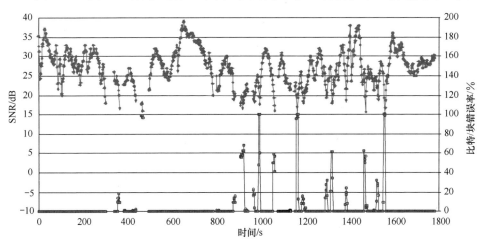

图 6.20 24kHz 带宽、76.8kb/s、长交织器[19]

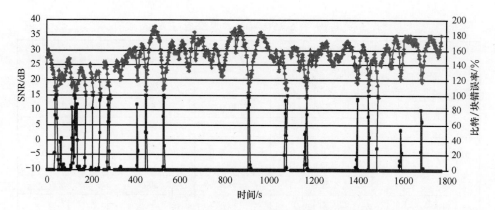

图 6.21　24kHz 带宽、76.8kb/s、中等交织器[19]

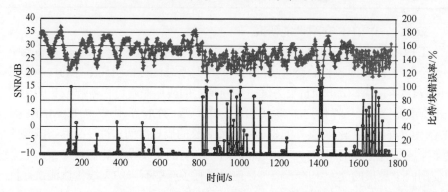

图 6.22　24kHz 带宽、76.8kb/s、短交织器[19]

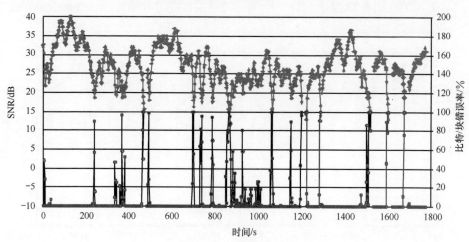

图 6.23　24kHz 带宽、76.8kb/s、极短交织器[19]

荷华州的锡达拉皮兹，在一个对数周期天线上发射，具有 250W 的平均功率，被新墨西哥州的拉斯克鲁塞斯通过对数周期天线接收。4 个例子都是在 24kHz 的信道上使用 76.8kb/s 的波形，但是分别使用 4 种交织器。回想一下，每个连续的交织选择与相邻的设置是四倍的关系，并且以同样的方式测量延迟损失。在这个数据设置中显而易见的是，长交织（大约 8s）提供了更多的无差错传输的间隔和通常更好的性能。其他 3 种交织器的相对优点不是很明显，如超短交织表现得比短交织更好。

在这个受限的测试中（大部分在单个中纬度中程短波路径上获得），长交织的性能一直优于较短的交织设置，但在那些较短的交织所得的结果之间往往存在很小的差异（平均而言）。进一步研究更广泛的路径显然是必须的。然而，与普遍的看法相反的是（至少在这种情况下），选择最适合应用程序的交织器设置可能不会带来明显的性能损失。

6.7 操作注意事项

为了总结对 WBHF 性能的讨论，现在探讨在使用新波形中出现的一些操作注意事项。

首先，WBHF 系统提供的波形可以在不同的带宽内提供相同的数据速率。因此可以在相同的数据速率和发射功率下权衡额外的带宽以获得更多的鲁棒性。例如，考虑在 3kHz、6kHz 和 24kHz 中可用的 9600b/s 波形。

如果我们在 6kHz 的信道上传播一个固定的总功率，而不是在 3kHz 上，SNR 将下降 3dB；当我们看到以 9600b/s 发送数据所需的调制从 64-QAM 下降到 8-PSK，这是一个很好的权衡，结果是误比特率为 10^{-5} 时需要的 SNR 将减少 12dB（表 6.20）（这忽略了使用较为简单的波形时 PAR 降低的额外好处）。如果 24kHz 信道可用,可获得进一步的改进：从 6kHz 扩展到 24kHz 时恒定功率的 SNR 损耗为 6dB，而 SNR 鲁棒性应该可以改进 9dB。

WBHF 波形操作的缺点是缺乏重新插入的前导码，这在 3200～9600b/s 窄带波形与 Rockwell Collins WBHF 原型中是存在的。这些前导码周期性地公布传输中使用的数据速率和交织，并且允许错过了初始同步前导的接收机自适应数据。这在广播应用中可能有用，但是难以在对应 8 个带宽选择的 8 个不同的符号速率中一直实施。在 WBHF 波形的发展过程中，与用户群体的讨论似乎表明，在那些需要数据同步能力的场合（如广播传输），假设传输的参数事先已知是合理的。其结果是，WBHF 波形包括同步数据的能力，但仅在接收机已知数据速率、交织器和约束长度的时候。

表 6.20 9600b/s 波形权衡

带宽	9600b/s 波形识别	9600b/s 调制	1E-5 误比特率时的 SNR
3	10	64-QAM	31
6	7	8-PSK	19
24	4	2-PSK	10

一个类似的缺点是波形中没有任何自动带宽信息。这是由于设计师们相信大多数系统要么有固定的带宽，要么在 WBHF 波形的传输之前将需要某种 ALE 功能来确定可用带宽。ALE 的设计被认为是在 110C 调制解调器规定的范围之外。

到目前为止，我们已经假定 WBHF 信道将可以按照分配来使用（即所有 24kHz 的分配将可用）。然而，由于部分分配存在干扰，这种理想的情况可能并不总能在实际中实现。这样的部分频段干扰的影响将是什么？整体的 SNR 会受到影响，如果能够识别并使用 WBHF 信道的清晰部分，就需要把数据速率降低到可能实现的速率以下。后一种能力尚未被标准化，但它是一个活跃的研究领域，将在下一章中讨论。

参 考 文 献

[1] Brakemeier, A., "Criteria to Select Proper Modulation Schemes," *Nordic HF-95 Conference,* August 15-17, Fårö, Sweden: 1995, Section 3.3.1.

[2] Johnson, E., "Performance Envelope of Broadband HF Data Waveforms," *Proceedings of MILCOM 2009*, IEEE, Boston, MA: 2009.

[3] Johnson, E., "Simulation Results for Third Generation HF Automatic Link Establishment," *Proceedings of MILCOM '99, IEEE,* Atlantic City, NJ: 1999.

[4] Johnson, E., M. Balakrishnan, and Z. Tang, "Impact of Turnaround Time on Wireless MAC Protocols," *Proceedings of MILCOM 2003, IEEE*, Boston, MA: 2003.

[5] Martone, M., *Multi- Antenna Digital Radio Transmission*, Norwood, MA: Artech House, 2002.

[6] Sinha, N. B., R. Bera, and M. Mitra, "Capacity and V-BLAST Techniques for MIMO Wireless Channel," *Journal of Theoretical and Applied Information Technology*, Vol. 4, No.1, 2005.

[7] Holter, B., "On the Capacity of the MIMO Channel—A Tutorial Introduction," Norwegian University of Science and Technology, http://new.iet.ntnu.no/projectsbeatsDocuments/MIMO_ introduction.pdf.

[8] Jorgenson, M., et al., "The Evolution of a 64 kbps HF Data Modem," *IEE Eight International Conference on HF Radio Systems and Techniques*, University of Surrey, Guildford, UK, July 2000.

[9] Recommendation ITU-R F.1487, "Testing of HF Modems with Bandwidths of up to about 12 kHz using Ionospheric Channel Simulators," *International Telecommunication Union*, Geneva, Switzerland: 2000.

[10] Elvy, S., "High Data Rate Communications over HF Channels," *Nordic HF 98 Conference Proceedings*, Fårö, Sweden: 1998.

[11] ITU, "Recommendation　520-1 Use of High Frequency Ionospheric Channel Simulators," *Recommendations and Reports of the CCIR,* Vol. ÍII, Geneva, Switzerland, 1982, pp.57-58.

[12] STANAG 4415, "Characteristics of a Robust, Non Hoping, Serial-Tone Modulator/Demodulator for Severely Degraded HF Radio Links," *North Atlantic Treaty Organization*, Edition 1, December 24, 1997.

[13] MIL-STD-188-110B, "Military Standard-Interoperability and Performance Standards for Data Modems," *United States Department of Defense*, May 27, 2000. (Current version is MIL-STD-188-110C, dated September 12, 2011.)

[14] Yasuda, Y., K. Kashiki, and Y. Hirata, "High-Rate Punctured Convolutional Codes for Soft Decision Viterbi Decoding," *IEEE Transactions on Communications*, Vol. COM-32, No. 3, March 1984.

[15] Maslin, N., *HF Communications: A Systems Approach*, London, U.K.: Plenum Press, 1987.

[16] STANAG 4591, "The 600 Bit/s, 1200 Bit/s, and 2400 Bit/s NATO Interoperable Narrow Band Voice Coder," *North Atlantic Treaty Organization*, Edition 1, October 3, 2008.

[17] Furman, W. N., and J. W. Nieto, "Recent On-Air testing of the New Wideband HF Data Modem Standard, U.S. MIL-STD-188-110C," *Proceedings of IES 2011, the 13th International Ionospheric Effects Symposium*, Alexandria, VA, May 2011. Available at www.NTIS.gov.

[18] Jorgenson, M., et al., "Implementation and On-Air Testing of a 64 kbps Wideband HF Data Waveform," *Proceedings of MILCOM 2010, IEEE*, San Jose, CA: 2010.

[19] Jorgenson, M., et al., "WBHF Skywave Interleaver Performance Test Results," *HF Industry Association Meeting*, January 2012, San Diego, CA, 2012. Available at http://www.hfindustry.com.

第 7 章　未来方向

最后一章展望有前景的短波无线电新技术，这些技术无论是设想的还是正在开发中的。本章先从宽带短波数据应用需要自动链路建立（ALE）开始。

7.1　宽带 ALE

第 6 章中描述的新的宽带短波（WBHF）数据波形提供了一个令人兴奋的新功能，即能以高达 120kb/s 的速率在短波信道上传输数据。指定的宽带波形为 3～24kHz，每 3kHz 递增。为什么我们想要如 9kHz 或 21kHz 这种"奇数"带宽的波形？波形设计者预期，在真实世界的短波应用中，我们可以有 12kHz 或 24kHz 的信道分配，但那个宽信道的部分信道可能会遭遇干扰。这将使该信道无法使用，除非我们能压缩活跃的波形带宽以匹配所分配的信道内干净的子信道。

在窄带短波应用中，我们找到一个可用的频率并且在两个或更多的无线电设备之间建立链路的自动化过程。即被称为自动链路建立（ALE）。伴随新的带宽灵活性，我们现在需要额外的自动化功能：①在宽带信道内检测和表征干扰；②配合使用干净的子信道。

这种新的频谱管理功能被称为宽带自动链路建立（WBALE）或第四代自动链路建立（4G ALE）。本章将讨论这一技术的要求和设计目标，探索了一些候选的设计理念，并展示了旨在核实这些理念的适用性和可行性而进行的无线传输测试的早期结果。

7.1.1　宽带 ALE 设计注意事项

新的宽带短波波形提供了多种调制方式、FEC 编码速率、约束长度和交织深度。在自适应窄带短波系统中，通常是在 ARQ 过程中从这些选项中选择一个工作点，而 ALE 只用于改变频率。在宽带系统中，一个集成的自适应控制过程（即 WBALE 过程）可能管理上述所有选项，并确定分配的信道内最佳的带宽和频率偏移。理想情况下，WBALE 过程使用复杂时变和不可预测的短波信道时会应用一些智慧,以获得可能的最佳通信性能和服务质量。

文献[2-3]报道了在短波通信系统的 ALE 功能中认知无线电技术的潜在应用。设计宽带短波的认知宽带 ALE 功能将必须解决多项技术难题:

- 信道带宽是在分配、管理和选择频率时需要考虑的一个新变量。WBHF 用户希望信道宽度大于 3kHz,直至并包括 24kHz。因为指派到任何网络中可用的频谱是有限的,所以分配的信道可以有混合的带宽。
- 在选择 WBHF 传输中所用的信号星座图、编码速率与约束长度和交织时,WBALE 系统将需要估计可用信道的传播特性。我们的初步工作假设高达 24kHz 的短波信道(包括天波信道)表现出足够一致的多普勒和多径特性,以便一个 3kHz 的探针波形可用来充分地表征更宽的通道。
- WBHF 通信系统在使用更宽的带宽时,变得更容易受到干扰:带宽更宽的信道代表干扰会有更大的横截面。分配不保证可用信道不受干扰。即使一个国家的监管当局打算给特定的用户提供独家的信道分配,频率复用常常在国界和地/海界处发生。当监管机构尝试在频谱限制内最大化可提供的通信容量时,频率复用正成为短波频率管理的一个可接受的功能。

不排除宽带信道内的窄带干扰(如由 3kHz 信道的用户产生),特别是存在频率复用时。新 WBHF 波形的用户需要某种形式的带宽灵活性,以使得来自 3kHz 信道传输的干扰将不会阻止整个 24kHz WBHF 信道的使用。波形家族中的各种带宽使得 WBHF 系统能使用宽带信道中未被干扰信号占用的剩余部分成为可能。

能够应对这些挑战的 WBALE 系统将需要频谱感知能力,频谱感知能够侦听 24kHz(或更多)的整个宽带信道,检测和评估该信道上的任何干扰信号,并确定所述信道的一部分或许可用。频谱感知功能的可靠性和精确度通常是决定宽带短波系统性能的重要因素。

7.1.2 概念性的 WBALE 系统

我们可以改进现有的 3G 设备供 WBALE 实验使用。对于在这一章中将被评估的实验系统,我们做三点假设:①与快速链路建立(FLSU)共存;②频谱感知,如上所述;③支持在短波中应用 IP 协议。

7.1.2.1 与 FLSU 共存

WBALE 将需要与 STANAG 4538 FLSU 共存,以使得有 WBHF 能力的电台在和其他有 WBHF 能力的电台连接时可使用 WBHF 技术,同时也参与到 FLSU 网络中。这导致了以下的设计假设:

- WBALE 扫描过程将和 STANAG 4538 FLSU 相同，但是每个信道的驻留时间为 1.35s。
- WBALE 链路建立和控制信令将使用类似于 STANAG 4538 FLSU 波形中的 3kHz 突发波形。
- WBALE 链路建立将从传输请求 PDU 开始，这个 PDU 类似于 FLSU_Request PDU，并使用相同的采集前导码和定时。这使得 WBALE 接收机能同时搜索 FLSU 和 WBALE 两种呼叫。
- 每个宽带信道将包括一个与 FLSU 网络共享的 3kHz 子信道。这个子信道将是 WBALE 用来建立链路的每个宽带信道的一部分。

7.1.2.2 频谱感知

WBALE 台站将能够在高达 24kHz 的信道分配的任意部分中检测占用或干扰。假定这个频谱感知功能的操作如下：

- 在 WBALE 台站扫描时，它们将在每个驻留期间感知整个宽带信道的状态。
- 对于在单个驻留期间彻底地表征信道占用和干扰来说，驻留时间太短。因此，台站将保持来自于每个信道最近的驻留期间的频谱快照的时间加权平均值。
- 一些类型的干扰仅存在于短脉冲（如 3G 突发波形）中。为了避免与这样的信号冲突，WBALE 系统将收集额外的频谱占用统计数据，例如在被感知的频带的每个部分中最近观察到的最大能量水平。

注意，使用频谱感知避免干扰容易存在载波侦听的其他应用中常见的隐藏终端问题：当台站 A 想发送业务到台站 B，台站 A 可能无法检测到在台站 B 存在干扰的远距离传输。这可能需要台站使用一个协议来共享它们的本地频谱环境的测量结果。然而，这样的协议在此不作进一步讨论。

7.1.2.3 网络支持

我们还假设 WBALE 将为了高效地支持短波中的 IP 服务而设计，因为需要宽带短波的吞吐量的许多应用是基于 IP 的。这暗含了以下假设：

- 在数据传递、链路建立和维护过程中的延迟必须最小化。
- 宽带短波的数据传输机制将被设计成能满足尽量减少耗时的逻辑链路周转（5.8.1.1 节）的需要。例如，在 3G HDL 和 LDL 协议中，有效载荷可以每次只在一个方向流动。在点对点链路上一个方向上的业务被传送时，另一个方向上的业务被延迟。
- 差异化服务将提供给在不同服务类别中的业务，以支持 RFC 2474 的区分服务设施或其他服务质量管理机制。

7.1.3 频谱"感知与避免"演示

Harris 射频通信在用于 WBHF 实地测试（6.6.1 节）的原型无线电设备中实现了频谱感知能力。在无线电设备测量到使用的 24kHz 频带的能量级别后，测量结果被格式化，并在笔记本电脑上显示出来。例如，图 7.1 表示整个没有干扰的信道；只有基底噪声可见。图 7.2 表示在信道的中心处有一个 3kHz 的串行音调制解调器探针信号。

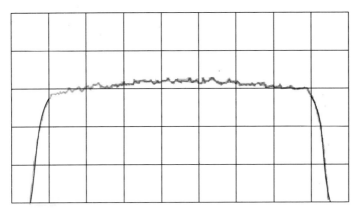

图 7.1 一个空的 24kHz 信道（©2012 IET 经过文献[1]允许转载）

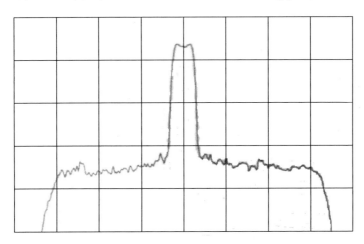

图 7.2 24kHz 信道上一个 3kHz 的探测信号（©2012 IET 经过文献[1]允许转载）

在纽约罗切斯特到纽约维罗纳的 NVIS 路径上宽带波形的无线传输测试的观测结果，可以说明为了避免干扰而使用的频谱感知和子信道的 WBALE 技术。图 7.3 展示了在真实世界的应用中使用 WBHF 时可能会遇到的干扰的示例。此处显示的频率被正式分配给 Harris 公司进行这个实验。然而，尝试在 24kHz 的带宽内以 64kb/s 的速率传输数据完全失败（50%BER）。在图 7.3 中，原因很明显：加拿大多伦多的一个 1kW 的 AM 广播站占据了频带的上部分。

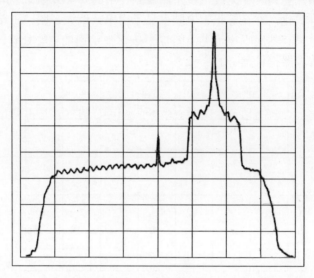

图 7.3　部分 24kHz 信道上的 AM 干扰（©2012 IET 经过文献[1]允许转载）

WBALE 未在这个系统中实现，而是通过手动地评价所用频谱来确定干扰、减少带宽并转移载波频率（如图 7.4 所示），数据以 32kb/s 无差错地被发送。

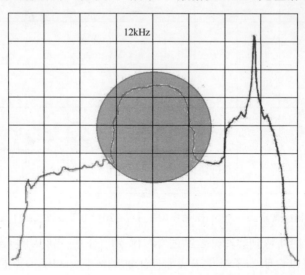

图 7.4　为避免干扰选择的子信道（©2012 IET 经过文献[1]允许转载）

7.1.4 "混合仿真" 实验

为了估计一个结合了认知 WBALE 与 WBHF 波形的宽带短波数据系统的潜在好处，开发出了一种混合实验。首先，使用 VOACAP 预测一条从佛罗里达州墨尔本到纽约罗切斯特的链路每小时可用的频率范围。两个站点的 Harris 设备的天线配置和发射功率水平是共知的，并被用来预测罗切斯特接收到的信号强度。经验表明，VOACAP 对这个链路的预测通常是准确的。

在实验的无线传输测试部分，在每个小时期间，从 VOACAP 标识的可用频率范围中随机挑选的频率被测量，每分钟一个频率。结合在各个频率上观察到的频谱与 VOACAP 估计的接收到的信号强度，可以预测在那个频率上宽带信道可用的数据速率，过程如下：

- 识别 WBHF 传输可用的带宽和偏移。
- 估计子信道的 SNR。
- 对于 SNR 值，确定数据速率，BER 不会超过 10^{-5}（根据仿真）。

合计每分钟的数据速率得到了研究期间使用 WBHF 和 WBALE 的总链路容量的估计。

使用相同的过程来估计使用第 3 章的 3kHz 串行音波形时的总链路容量。比较这两个结果可以估计出使用宽带波形和宽带 ALE 所获得的可能的附加链路容量，发射功率没有增加。

图 7.5 表示可用的比特率被选定用于窄带 3kHz 调制解调器波形和第 6 章

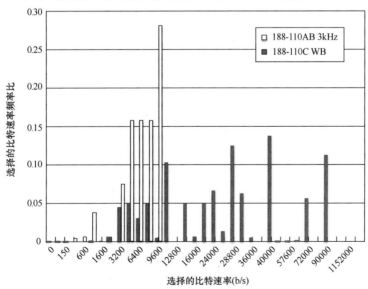

图 7.5 选择的比特率频率（©2012 IET 经过文献[1]允许转载）

中宽带系列波形的频率。它们是在 ITU-R 中纬度干扰（MLD）信道的衰落和多径特性情况下的结果。

表 7.1 列出了在仿真的 24 小时期间该系统已传输的总数据量。计算了 AWGN 非衰落信道和 MLD 信道中的数据容量。注意，表中所示的宽带系统容量增加，不需要增加发射功率就得以实现。

表 7.1　以 MB 为单位，一天内容量估计

信道	固定的 3kHz/MB	自适应宽带/MB
AWGN	85	505
MLD	65	294

频谱感知的使用在这些结果中起了关键作用。超过 50% 的样本信道出现了足够的窄带干扰，迫使选择一个比 24kHz 更窄的带宽。这些结果表明宽带短波系统实现大大增加的容量和吞吐量的潜力，以及使用集成 WBALE 系统的重要性。集成 WBALE 系统使得带宽选择、子信道校准以及在子信道中使用的波形参数都能实现自动化。

7.1.5　WBALE 总结

第 6 章中新的宽带波形可以大大扩展短波可以支持的应用的范围。然而，随着带宽的增加，出现了其他技术挑战，即产生了对于新的宽带 ALE 性能的要求。

使用 WBHF 波形进行无线传输的初始经验表明，频谱感知将是 WBALE 性能的一个关键因素。这里报道的原型频谱感知设施已成功地在对新的宽带波形的无线试验中被展示。这些试验的结果表明，WBALE 系统将能显著提高短波网络的吞吐量、容量和可靠性，使短波能够服务更广范围的高价值通信应用。

开发标准化的 WBALE，下一步是指定一个关于空中传输时协商链路的每个方向上使用的子信道的带宽和偏移量的协议，以及指定一个用于 WBHF 波形的数据链路协议，以满足在 IP 应用中的效率目标。

7.2　凝视 ALE

自适应使用短波频谱进行远距离通信这一更遥远的目标推广了 WBALE 的频谱感知能力，以不断地凝视整个短波波段。这允许连续传播和占用测量的积累，并消除了对扫描接收机的需要。因此，我们在理论上可以实现同步系统的短时呼叫（如 3G ALE），不需要同步。

当然，天真地使用凝视接收机将面临在动态范围内的重大挑战。然而，诸如高分辨率的模数转换器和可调谐的射频滤波器等领域可能的进展将激活这个吸引人的概念。

参 考 文 献

[1] Furman, W. N., E. Koski, and J. W. Nieto, "Design Concepts for a Wideband HF ALE Capability," *IRST—Ionospheric Radio Systems and Techniques Conference*, York, UK, 2012.

[2] Furman, W. N., E. N. Koski, and J. W. Nieto, "Design and System Implications of a Family of Wideband HF Data Waveforms," *IST Symposium RTO-MP-IST-092: Military Communications and Networks, NATO Research and Technology Organisation*, Wroclaw, Poland, 2010. Available at http://www.rta.nato.int/Pubs/RDP.asp?RDP=RTO-MP-IST-092, last accessed February 2012.

[3] Koski, E., and W. N. Furman, "Applying Cognitive Radio Concepts to HF Communications," *IRST—Ionospheric Radio Systems and Techniques Conference*, Edinburgh, Scotland, 2009.

[4] Arthur, N. P, I. D. Taylor, and K. D. Eddie, "Advanced HF Spectrum Management Techniques," *IRST—Ionospheric Radio Systems and Techniques Conference*, London, UK,2006.

[5] Wadsworth, M., and E. Peach, "Initial Performance Results from an Implementation of the STANAG 4538 Fast Link Setup Protocol," *HF'01 Nordic Shortwave Conference Proceedings*, Fårö, Sweden: 2001.

[6] IETF Request For Comments RFC 2474, "Definition of the Differentiated Services Field (DS Field) in the IPv4 and IPv6 Headers," December 1998.

[7] Furman, W. N., and J. W. Nieto, "Recent On-Air testing of the New Wideband HF Data Modem Standard, U.S. MIL-STD-188-110C," *Proceedings of IES 2011, the 13th International Ionospheric Effects Symposium*, Alexandria, VA, 2011. Available at NTIS at www.NTIS.gov.

[8] Perkiömäki, J., "VOACAP Quick Guide," http://www.voacap.com/index.html, last accessed March 2012.

[9] ITU-R Recommendation F.1487, "Testing of HF Modems with Bandwidths of up to about 12 kHz using Ionospheric Channel Simulators," *International Telecommunication Union*, Geneva, Switzerland, 2000.

主要缩略语

ACK	Acknowledgment	确认字符
ACP	Allied Communication Publication	盟军通信刊物
ACS	Automatic Channel Selection	自动信道选择
AGC	Automatic Gain Control	自动增益控制
AGL	Above Ground Level	地平面以上
AL	Application Level(in Linking Protection)	应用层（链路保护中）
ALC	Automatic Level Control	自动电平控制
ALE	Automatic Link Establishment	自动链路建立
ALM	Automatic Link Maintenance	自动链路保持
AM	Amplitude Modulation	幅度调制
AMD	Automatic Message Display	自动消息显示
ARQ	Automatic Repeat Request	自动重传请求
ATO	Air Tasking Order	空中任务命令
AWGN	Additive White Gaussian Noise	加性高斯白噪声
BCST	Broadcast Calling	广播呼叫
BER	Bit Error Ratio	比特错误率
BFSK	Binary Frequency Shift Keying	二进制频移键控
BW	Bandwidth	带宽
CAS	Channel Access Sublayer	信道接入子层
CCIR	International Radio Consultative Committee	国际无线电咨询委员会
CDMA	Code Division Mutiple Access	码分多址
COMSEC	Communication Security	通信安全
COP	Common Operating Picture	通用作战图
CPM	Continuous Phase Modulation	连续相位调制
CRC	Cyclic Redundancy Check	循环冗余校验
CSMA	Carrier Sense Multiple Access	载波侦听多址接入
CSMA-CD	Carrier Sense Multiple Access within Collision Detection	带冲突检测的载波监听多路访问
CW	Continuous Wave	连续波
DCF	Distributed Coordination Function	分布式协调功能

DCHF	DCF Modified for HF Radio	适应短波无线电的分布式协调功能
DFE	Decision Feedback Equalizer	判决反馈均衡器
DoD	Department of Defense	美国国防部
DQPSK	Differential Quadrature Phase Shift Keying	差分四进制相移键控
DSP	Digital Signal Processor (or Processing)	数字信号处理（器）
DT	Destination Type	目的地类型
DTS	Data Transfer Sublayer	数据传输子层
EAM	Emergency Action Message	紧急行动消息
ELOS	Extended Line-of-Sight	超视距
EOM	End of Message	消息终止
EOT	End of Transmission	传输终止
FCC	Federal Communications Commission (United States)	联邦通信委员会（美国）
FEC	Forward Error Correction	前向纠错
FED-STD	Federal Standard (United States)	联邦标准（美国）
FER	Frame Error Ratio	帧误差率
FFT	Fast Fourier Transform	快速傅里叶变换
FH	Frank-Heimiller (Sequence)	Frank-Heimiller（序列）
FPGA	Field-Programmable Gate Array	现场可编程门阵列
FSK	Frequency Shift Keying	频移键控
FTM	Fast Traffic Management	快速流量管理
FTP	File Transfer Protocol	文件传输协议
FLSU	Fast Link Setup	快速链路建立
GMSK	Gaussian Filtered Minimum Shift Keying	高斯最小频移键控
HDL	High-Throughput Data Link	高吞吐量数据链路
HF	High Frequency	短波
HFIP	HF Internet Protocol	短波互联网协议
HFTP	HF Token Protocol	短波令牌协议
HMTP	HF Mail Transfer Protocol	短波邮件传输协议
ICEPAC	Ionospheric Communications Enhanced Profile Analysis & Circuit	电离层通信增强剖面分析与电路
ICMP	Internet Control Message Protocol	互联网控制消息协议

IGMP	Internet Group Management Protocol	互联网群组管理协议
IONCAP	Ionospheric Communications Analysis and Prediction	电离层通信分析与预测
IP	Internet Protocol	互联网协议
ISB	Independent Sideband	单边带
ISI	Intersymbol Interference	符号间干扰
ITU	International Telecommunications Union	国际电信联盟
ITU-R	ITU-Radiocommunicationssector	国际电信联盟无线通信部门
ITV	Intermediate-Term Variation	中期（信道）变化
LAN	Local Area Network	局域网
LBT	Listen before Transmit	发射前侦听
LDL	Low-Latency Data Link	低延迟的数据链路
LMS	Least-Mean-Squares	最小均方
LMS-DFE	Least-Mean-Squares-Decision Feedback Equalizer	最小均方判决反馈均衡器
LP	Linking Protection	链路保护
LQA	Link Quality Analysis	链路质量分析
LSB	Least-Significant Bit	最低有效位
LSU	Link Setup	链路建立
LTV	Long-Term Variation	长期（信道）变化
MAC	Media Access Control	媒体访问控制
MDL	Multicast Data Link	多播数据链路
MDLN	Multicast Data Link with NAK	带 NAK 的多播数据链路
MDR	Medium Data Rate	中等数据速率
MFSK	M-ary Frequency Shift Keying	多进制频移键控
MIL-STD	Military Standard (United States)	军用标准（美国）
MLD	Mid-Latitude Disturbed	中纬度干扰
MLSE	Maximum-Likelihood Sequence Estimator	最大似然序列估计（器）
MF	Medium Frequency	中频
MIMO	Multiple-Input-Multiple-Output	多输入多输出
MQAM	M-ary Quadrature Amplitude Modulation	M 进制正交幅度调制

MSB	Most-Significant Bit	最高有效位
MUD	Multiuser Detection	多用户检测
NATO	North Atlantic Treaty Organization	北大西洋公约组织
NAK	Negative Acknowledgment	否定应答
NBI	Narrowband Interference	窄带干扰
NCS	National Communication System	美国国家通信系统
NVIS	Near Vertical Incidence Skywave	近垂直入射天波
OFDM	Orthogonal Frequency Division Multiplexing	正交频分复用
PAR	Peak-to-Average Ratio	峰均比
PDU	Protocol Data Unit	协议数据单元
PI	Protection Interval	保护间隔
PN	Pseudo-Noise	伪噪声
PSK	Phase-Shift Keying	相移键控
PTM	Point-to-Multipoint	点对多点
PTM1	PTM One-Way RLSU	点对多点单向稳健链路建立
PTP	Point-to-Point	点对点
PTPA	PTP RLSU with ACK	带有 ACK 的点对点稳健链路建立
PTP1	PTP One-Way RLSU	点对点单向稳健链路建立
QAM	Quadrature Amplitude Modulation	正交幅度调制
RF	Radio Frequency	无线电频率
RLSU	Robust Link Setup	稳健的链路建立
RLSU PDU	Robust-Mode Link Setup Protocol Data Unit	稳健模式链路建立协议数据单元
RTT	Round-Trip Time	往返时间
RX	Receive	接收
SAP	Subnetwork Access Point	子网接入点
SD	Standard Deviation	均方差
SIS	Subnet Interface Sublayer	子网接口子层
SMTP	Simple Mail Transfer Protocol	简单邮件传输协议
SNDR	Signal-to-Noise-Density Ratio	信噪失真比

SNR	Signal-to-Noise Ratio	信噪比
SOM	Start of Message	消息开始
SPNDR	Signal-Power-to-Noise-Density Ratio	信号功率与噪声密度比
SS	Spread Spectrum	扩频
SSB	Single Sideband	单边带
SSN	Smoothed Sunspot Number	平滑太阳黑子数
STANAG	Standardization Agreement (NATO)	标准化协定（北约）
TAC	Technical Advisory Committee	技术咨询委员会
TBD	To Be Determined	待定
TC	Time Constant	时间常数
TCL	Transmission Control of Level	发送电平控制
TCM	Trellis-Coded Modulation	网格编码调制
TCP	Transmission Control Protocol	传输控制协议
TDMA	Time Division Multiple Access	时分多址
TGC	Transmit Gain Control	发射增益控制
TLC	Transmit Level Control	发送电平控制
TM	Traffic Management	流量管理
TOD	Time of Day	一天中的时间
TX	Transmit	发射
UAV	Unmanned Aerial Vehicle	无人机
UDP	User Datagram Protocol	用户数据报协议
US	Ultrashort (Interleaver)	极短的（交织器）
UTC	Coordinated Universal Time	世界标准时
VOACAP	Voice of America Coverage Analysis Program	美国之声覆盖分析程序
WBALE	Wideband Automatic Link Establishment	宽带自动链路建立
WBHF	Wideband HF	宽带短波
WID	Waveform Identification	波形识别
WTRP	Wireless Token Ring Protocol	无线令牌环协议
XOR	Exclusive-Or(Logic Operation)	异或（逻辑操作）